"十三五"国家重点图书出版规划项目

国产数控系统应用技术丛书

丛书顾问◆中国工程院院士　段正澄

华中数控系统故障诊断手册

主编　郑小年　龚承汉　龚东军

华中科技大学出版社

中国·武汉

内 容 简 介

本书总结了大量数控系统维护和维修的实践经验。除绪论外，全书分为七章，以 HNC-8 系列(华中 8 型)数控系统为例，分别对华中数控系统的数控装置、主轴驱动系统、进给伺服系统以及机械加工等方面的常见故障现象和可能发生的问题进行了介绍，分析了原因，并指出了相应的排除方法。

本书可作为普通高等工科院校和高等职业技术学院机电一体化、自动控制、数控等相关专业师生的教学参考用书，也可作为从事数控机床使用、调试、维护维修等各类工作的工程技术人员的常用手册。

图书在版编目(CIP)数据

华中数控系统故障诊断手册/郑小年，龚承汉，龚东军主编. —武汉：华中科技大学出版社，2017.12 (2023.6 重印)
(国产数控系统应用技术丛书)
ISBN 978-7-5680-1805-0

Ⅰ.①华… Ⅱ.①郑… ②龚… ③龚… Ⅲ.①数控机床-数控系统-故障诊断-手册 ②数控机床-数控系统-故障修复-手册 Ⅳ.①TG659.027-62

中国版本图书馆 CIP 数据核字(2016)第 103105 号

华中数控系统故障诊断手册 郑小年 龚承汉 龚东军 主编
Huazhong Shukong Xitong Guzhang Zhenduan Shouce

策划编辑：万亚军
责任编辑：姚同梅
封面设计：原色设计
责任校对：曾 婷
责任监印：周治超
出版发行：华中科技大学出版社(中国·武汉) 电话：(027)81321913
武汉市东湖新技术开发区华工科技园 邮编：430223
录 排：武汉三月禾文化传播有限公司
印 刷：武汉邮科印务有限公司
开 本：710mm×1000mm 1/16
印 张：8.5
字 数：161 千字
版 次：2023 年 6 月第 1 版第 3 次印刷
定 价：38.00 元

前言

QIANYAN

无论是德国提出的“工业 4.0”、美国提出的工业互联网，还是我国的“中国制造 2025”，其基础都是制造业的信息化和智能化，而制造业的关键部件就是数控系统。目前，国内外数控系统均在朝着多通道、总线传输、网络化、信息化、智能化方向发展。

数控系统包括数控装置、进给和主轴伺服装置以及检测装置等子系统，这些子系统都可以是故障源，同时机械和加工工艺问题等也会反映到数控系统中，故障类型多、涉及面广，这就给故障的快速定位和排除带来了一定的困难。如何快速对故障进行预测和定位，是保障数控设备安全、可靠、高效运行的关键问题之一。快速对故障进行预测和定位的能力是从事数控设备维护维修技术人员应该具备的。

要进行数控系统的故障诊断与处理，则：首先，必须熟悉数控系统及其硬件的连接，熟悉系统各参数的作用及设置，以及有关 PLC 程序；其次，要有比较扎实的电工、电子、计算机软硬件、机械及加工工艺等相关基础知识；最后，还要有正确的故障诊断和处理方法以及丰富的现场设备故障处理经验。

本书以 HNC-8 系列(华中 8 型)数控系统为例，分别对数控装置、主轴驱动系统、进给伺服系统以及机械加工等方面的常见故障现象和可能发生的问题进行了介绍，分析了原因，并指出了相应的排除方法，力求使读者能快速根据故障现象，进行故障定位并处理数控系统使用过程中的各种故障。

本书内容丰富、实用，包含了大量的数控系统维护和维修实践经验，对其他数控系统的维护维修也具有借鉴作用。另外，本书对培养和提高学习者的动手能力也大有益处。

本书可作为普通高等工科院校和高等职业技术学院机电一体化、自动控制、数控等相关专业的教学参考用书，也可作为从事数控机床使用、调试、维护维修等各类工作的工程技术人员的常用手册。

前言

安全须知

为了更好地维护装有数控系统的机床，特介绍有关数控系统安全使用方面的注意事项。

在数控系统的维护作业中，存在各种危险，所以维修要由经过正规培训的专业人员进行。

有关机床安全使用注意事项，请参照机床制造厂的出厂说明书。

维修和检查机床运行情况时，要充分理解机床制造厂和华中数控股份有限公司提供的说明书。

(!) 在检修、更换和安装元器件前，必须切断电源。

(!) 发生短路或过载时，应检查并排除故障，之后方可通电运行。

(!) 发生报警后，必须先排除事故，再重新启动。

⃠ 系统受损或零件不齐全时，不可进行安装或操作。

(!) 电解电容器老化，可能会引起系统性能下降。

(!) 运行前，应先检查参数设置是否正确。错误设定会使机器发生意外动作。

⃠ 参数的修改必须在参数设置允许的范围内，超过允许的范围可能会导致运转不稳定及损坏机器的故障。

(!) 应检查伺服电动机的电缆与码盘线是否一一对应。

⃠ 对使用多摩川绝对值编码器的电动机，在电池电压低报警后，应立即更换相同型号电池。

第 0 章　绪论:数控机床维修管理基础 …………………………………………… (1)

第 1 章　HNC-8 系列数控系统共性故障 ……………………………………… (9)

故障现象 1:电源不能打开 ………………………………………………………… (9)

故障现象 2:轴返回参考点时出现偏差 ……………………………………………… (10)

故障现象 3:在手动、自动模式下机床都不能运转 …………………………………… (13)

故障现象 4:在自动模式下,系统不运行 …………………………………………… (14)

故障现象 5:在 MPG(手摇)模式下,机床不运行 …………………………………… (15)

故障现象 6:系统可以手动运行,但无法切换到自动或单段状态 … (15)

故障现象 7:系统始终保持复位状态 ………………………………………………… (16)

故障现象 8:系统始终保持急停状态而不能复位 …………………………………… (16)

故障现象 9:开机后系统报坐标轴机床位置丢失 …………………………………… (16)

故障现象 10:运行或操作中出现死机或系统重新启动 …………………………… (17)

故障现象 11:刀架刀库出现故障 …………………………………………………… (17)

故障现象 12:电磁干扰 ……………………………………………………………… (22)

第 2 章　华中数控系统类常见故障 …………………………………………… (24)

2.1　HNC-8 系列数控系统报警信息 ……………………………………………… (24)

2.2　PLC 报警文本 ……………………………………………………………… (36)

2.3　华中数控系统常见故障………………………………………………………… (38)

故障现象 1:数控系统显示器黑屏或白屏 ………………………………………… (38)

故障现象 2:系统上电后花屏或乱码 ……………………………………………… (38)

故障现象 3:数控系统不能进入主菜单 …………………………………………… (39)

故障现象 4:运行或操作中出现死机或系统重新启动的现象 ……… (39)

故障现象 5:系统始终保持急停或复位状态 ……………………………………… (39)

故障现象 6:系统可以手动运行但无法切换到自动或单段状态 …… (40)

故障现象 7:屏幕没有显示但工程面板能正常控制 ……………………………… (41)

故障现象 8:系统出现跟踪误差或定位误差报警 ………………………………… (41)

故障现象 9:系统有手摇工作模式但手摇脉冲发生器无反应 ……… (42)

故障现象10:系统无手摇工作模式 …………………………………… (43)
第3章 华中数控主轴驱动类常见故障 …………………………………… (44)
故障现象1:不带变频器的主轴不转 …………………………………… (44)
故障现象2:带变频器的主轴不转 …………………………………… (45)
故障现象3:带电磁耦合器的主轴不转 …………………………………… (46)
故障现象4:带抱闸线圈的主轴不转 …………………………………… (46)
故障现象5:主轴转速不受控 …………………………………… (46)
故障现象6:主轴无制动 …………………………………… (47)
故障现象7:主轴启动后立即停止 …………………………………… (47)
故障现象8:主轴转动不能停止 …………………………………… (48)
故障现象9:系统一上电,主轴立即转动 …………………………………… (48)
故障现象10:主轴定向停的位置不准确 …………………………………… (49)
故障现象11:主轴不能定向停 …………………………………… (49)
第4章 华中数控伺服电动机类常见故障 …………………………………… (51)
故障现象1:电动机轴输出扭矩很小 …………………………………… (51)
故障现象2:电动机爬行 …………………………………… (52)
故障现象3:电动机运转时跳动 …………………………………… (52)
故障现象4:电动机不运转 …………………………………… (53)
故障现象5:伺服电动机存在缓慢转动零漂 …………………………………… (54)
故障现象6:伺服电动机静止时抖动 …………………………………… (54)
故障现象7:接通伺服驱动器动力电源时立即出现报警 …………………………………… (55)
故障现象8:伺服电动机抱闸无法打开或不稳定 …………………………………… (55)
故障现象9:打开急停开关后升降轴自动下滑 …………………………………… (56)
故障现象10:电动机只能运行一小段距离 …………………………………… (56)
故障现象11:进给轴在低速下运行正常,在高速下抖动或报警 …… (57)
故障现象12:开机第一次移动进给轴时出现跟踪误差过大或定位误差过大报警,如果第一次移动进给轴时未报警,则中间使用过程中一直正常 …………………………………… (57)
第5章 华中数控伺服驱动器类常见故障 …………………………………… (59)
故障现象1:驱动器报警 …………………………………… (59)
故障现象2:驱动器出现其他报警 …………………………………… (65)
故障现象3:驱动器有时报警,有时能正常工作 …………………………………… (66)
故障现象4:加工过程中,多轴驱动器同时报警 …………………………………… (66)

第6章　华中数控系统加工类常见故障 ……………………………………………… (67)
6.1　按产生故障的元器件分类………………………………………………………… (67)
故障类型1:由数控系统引起的加工故障 …………………………………………… (67)
故障类型2:由驱动器引起的加工问题 ……………………………………………… (68)
故障类型3:由机械方面引起的加工问题 …………………………………………… (68)
6.2　按产生故障的现象分类…………………………………………………………… (69)
故障现象1:工件尺寸与实际尺寸只相差几十微米 ………………………………… (69)
故障现象2:工件尺寸与实际尺寸相差几毫米 ……………………………………… (69)
故障现象3:加工螺纹时有乱扣现象 ………………………………………………… (70)
故障现象4:攻螺纹不能执行 ………………………………………………………… (71)
故障现象5:采用小线段加工时有停顿现象 ………………………………………… (71)
故障现象6:工件产生锥度 …………………………………………………………… (72)
故障现象7:加工圆或圆弧时45°方向上超差 ……………………………………… (72)
故障现象8:工件尺寸准确,表面粗糙度大 ………………………………………… (72)
故障现象9:加工内、外圆的时候出现椭圆 ………………………………………… (73)
故障现象10:车床车外圆或内孔时出现台阶 ……………………………………… (73)
故障现象11:车床加工中轴未移动到位即开始换刀,造成打刀 …………………… (74)
第7章　数控机床机械部件故障诊断 ……………………………………………… (75)
7.1　主传动系统故障…………………………………………………………………… (75)
故障现象1:主轴发热 ………………………………………………………………… (75)
故障现象2:主轴强力切削时停转 …………………………………………………… (75)
故障现象3:润滑油泄漏 ……………………………………………………………… (76)
故障现象4:主轴有噪声(振动) ……………………………………………………… (76)
故障现象5:主轴没油或润滑不足 …………………………………………………… (76)
故障现象6:刀具不能夹紧 …………………………………………………………… (77)
故障现象7:刀具夹紧后不能松开 …………………………………………………… (77)
7.2　进给系统故障……………………………………………………………………… (77)
故障现象1:噪声大 …………………………………………………………………… (77)
故障现象2:丝杠运动不灵活 ………………………………………………………… (78)
7.3　导轨副故障………………………………………………………………………… (78)
故障现象1:导轨研伤 ………………………………………………………………… (78)
故障现象2:导轨上移动部件运动不良或不能移动 ………………………………… (79)
故障现象3:加工面在接刀处不平 …………………………………………………… (79)

7.4 自动换刀装置故障…………………………………………………………(79)
故障现象1:刀库、刀套不能卡紧刀具 ……………………………………(79)
故障现象2:刀库不能旋转…………………………………………………(79)
故障现象3:刀具从机械手中脱落…………………………………………(80)
故障现象4:交换刀具时掉刀………………………………………………(80)
故障现象5:换刀速度过快或过慢…………………………………………(80)
故障现象6:刀库不能转动或转动不到位…………………………………(80)
7.5 液压系统故障……………………………………………………………(81)
故障现象1:压力控制回路中溢流不正常…………………………………(81)
故障现象2:速度控制回路中速度不稳定…………………………………(81)
故障现象3:方向控制回路中滑阀没有完全回位…………………………(81)
7.6 气动系统故障……………………………………………………………(82)
故障现象1:加工中心打刀机构抓不住刀柄………………………………(82)
故障现象2:立式加工中心换刀时,主轴松刀动作缓慢 …………………(82)
故障现象3:立式加工中心换挡变速时,变速气缸不动作,无法变速 …(82)
7.7 润滑系统故障……………………………………………………………(83)
故障现象1:垂直刀架铣平面时,工件表面粗糙度达不到预定的
精度要求……………………………………………………………(83)
故障现象2:集中润滑站的润滑油损耗大,隔一天就要向润滑站加油,切
削液中明显混入大量润滑油………………………………………(83)
7.8 自动排屑装置故障………………………………………………………(83)
故障现象1:电动机过载报警………………………………………………(83)
故障现象2:自动排屑装置不能运转………………………………………(84)
7.9 回转工作台故障…………………………………………………………(84)
故障现象1:工作台没有抬起动作…………………………………………(84)
故障现象2:工作台不转位…………………………………………………(85)
故障现象3:工作台转位分度不到位,发生顶齿或错齿 …………………(85)
故障现象4:工作台不夹紧,定位精度差 …………………………………(86)
附录A HNC-8系列数控系统参数……………………………………………(87)
附录B HNC-8系列数控系统F/G寄存器 ……………………………………(116)
参考文献…………………………………………………………………………(126)

第0章 绪论：数控机床维修管理基础

数控机床是采用数字化控制技术对机床的加工过程进行自动控制的一类机床，可以通过编制数控加工程序来完成对各类零部件的自动化加工。数控机床综合应用了计算机技术、自动控制技术、精密测量技术和现代机床设计技术等先进技术，是一种典型的机电一体化产品。数控机床控制系统复杂，对于不同的故障有不同的诊断与维修方法，在维修人员素质、维修资料的准备、维修仪器的使用等方面提出了比普通机床更高的要求。

1. 数控机床的管理和维护概述

数控机床种类繁多，但其基本组成一般都可分为机械部分与数控系统电气控制两大部分。机械部分是用来实现刀具和工件运行的机床结构部件，包括床身工作台基础部件、机床主轴总成、进给驱动总成，以及相关的液压和气动部件、防护罩、冷却系统等附属装置。其在功能和作用上与普通机床的机械部分没有太大的区别，但其性能要求有所不同。数控系统电气控制部分是数控机床与普通机床的主要区别。数控机床的电气控制系统不仅包括低压电气控制回路、开关量逻辑控制装置（PLC），而且还包括实现数字化控制与信息处理的数控装置（CNC）、伺服驱动器、伺服电动机及测量装置等重要组成部件，这样才能通过编制数控加工程序来实现对加工过程的自动化控制。

数控机床是一种高效率、高精度的加工设备，在现代加工制造领域具有强大的技术优势。数控机床的使用寿命和效率，不仅取决于机床本身的精度、性能和质量，在很大程度上也取决于机床的使用及维护。而对数控机床这种高精度、高效率且又昂贵的加工设备而言，如何延长元器件的寿命和零部件的磨损周期、预防各种故障，特别是将恶性事故消灭在萌芽状态，保障设备安全可靠运行，进而提高数控机床的平均无故障工作时间和使用寿命，又是至关重要的问题。

衡量数控机床运行可靠度的指标如下。

(1) 平均无故障时间(MTBF):指数控设备的总工作时间与总故障次数的比值,即

$$\mathrm{MTBF}=\frac{\text{总工作时间}}{\text{总故障次数}}$$

(2) 平均故障修复时间(MTTR):指数控设备从出现故障至恢复使用所用的平均修复时间。

(3) 有效度 A:指平均无故障时间与平均无故障时间和平均故障修复时间之和的比值,即

$$A=\frac{\mathrm{MTBF}}{\mathrm{MTBF}+\mathrm{MTTR}}$$

2. 数控机床故障曲线

与一般设备相同,数控机床的故障率随时间变化的规律可用图 0-1 所示的浴盆曲线(也称为失效曲线)表示。根据数控机床的故障频率,整个使用寿命期大致分为 3 个阶段,即早期故障期、偶发故障期和耗损故障期。

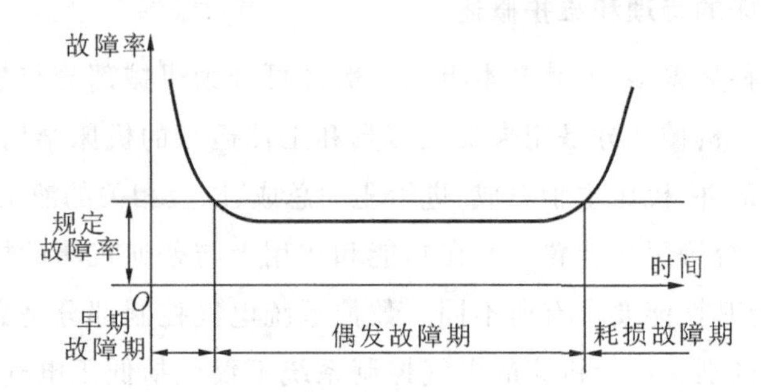

图 0-1　数控机床故障规律(浴盆曲线)

1) 早期故障期

这个时期数控机床故障率高,但随着使用时间的增加,故障率迅速下降。这段时间的长短,随产品、系统的设计与制造质量而异。数控机床在使用初期之所以故障频繁,原因大致如下。

(1) 机械部分:机床虽然在出厂前进行过磨合,但时间较短,而且主要是对主轴和导轨进行磨合。由于零件的加工表面存在着微观和宏观的几何形状误差,部件的装配可能存在误差,因而,机床在使用初期会产生较大的磨合磨损,易导致故障发生。

（2）电气部分：数控机床的控制系统使用了大量的电子元器件，这些元器件虽然已经过了制造厂家严格的筛选和整机性能测试，但在实际运行时，由于电路的发热，交变载荷、浪涌电流及反电动势的冲击，性能较差的某些元器件可能经不住考验，因电流冲击或电压击穿而失效或性能下降，从而导致整个系统不能正常工作。

（3）液压部分：由于出厂后运输及安装阶段的时间较长，液压系统中某些部位长时间无油，气缸中润滑油干涸，而油雾润滑又不可能立即起作用，液压缸或气缸可能产生锈蚀。此外，新安装的空气管道若清洗不干净，一些杂物和水分也可能进入系统，造成液压、气动部分的初期故障。

除此之外，元器件、材料等方面原因也会造成早期故障。因此，购回数控机床后，应尽快使用，使早期故障尽量地发生在保修期内。

2）偶发故障期

数控机床在经历了初期的各种老化、磨合和调整后，开始进入相对稳定的偶发故障期，即正常运行期。正常运行期为7～10年，在这个阶段，数控机床故障率低而且相对稳定，近似为常数。偶发故障有一半是由偶然因素引起的。

3）耗损故障期

耗损故障出现在数控机床使用的后期，其特点是故障率随着运行时间的增加而升高。出现这种现象的基本原因是数控机床的零部件及电子元器件经过长时间的运行，由于疲劳、磨损、老化等，使用寿命已接近完结，从而处于频发故障状态。

数控机床是现代加工制造企业中价值昂贵的生产设备，生产企业对其的管理应该是包括选购、安装调试、验收、使用、维护维修以及改造更新的全生命周期过程的管理。做好数控机床的预防性维护工作，必须重视数控机床的维护管理工作。

3. 数控机床故障诊断与维修

所谓数控机床故障诊断，是指通过检查数控机床在运行中或相对静态条件下的信息，对所得到的各类信息加以分析和处理，结合数控机床的历史状态，判别数控机床及其各零部件的实时技术状态，分析其故障产生的机理，并确定必要对策的技术过程。实际的工程经验是数控机床故障诊断的重要基础。

通过诊断识别出数控机床的故障之后，应进一步对其危险程度做出评估，以便研究和确定维修的具体形式,即维修的决策与实施过程。维修在实际生产中通常包括设备的维护与修理,维修的直接目的在于提高设备的可靠性。

常见的数控设备故障按不同的分类方法可分为不同的类型。例如,可以分为:

(1) 机械故障和电气故障;

(2) 系统性故障和随机故障;

(3) 有报警显示故障和无报警显示故障;

(4) 破坏性故障和非破坏性故障;

(5) 硬件故障和软件故障。

电磁干扰故障是电气故障中的一种。

系统受到电磁干扰的途径如图 0-2 所示。

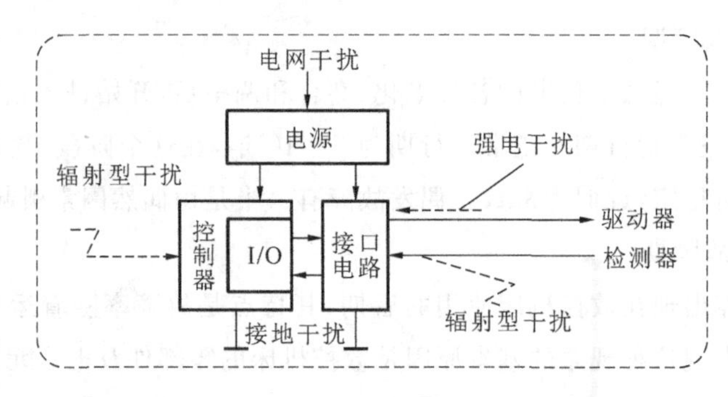

图 0-2 电磁干扰的途径

常见的电磁干扰大致可分两类。

(1) 辐射型干扰:以空间感应方式进入控制器及其线路中的干扰,包括电磁脉冲干扰与静电干扰。

电磁脉冲干扰是因附近变频感性负载(如电焊机、行车、龙门吊车等)与驱动电路中的电磁电器动作而产生的。

静电干扰是来自人体或浮空状态设备的感应静电所产生的干扰。

(2) 传导型干扰:由各种线路传入的干扰,如电网干扰(供电线路传入的干扰)、接地干扰(由接地线路传入的干扰)、强电干扰(强电回路等引入的干扰)。

电网干扰是由于供电电力不足、电压频率不稳和电网分配不合理所导致的干扰,如超压、欠压、频移、相移、谐波失真、共模或常模噪声等。

接地干扰是因接地不良而产生的接地噪声,包括由于接地电阻过大、多点接地构成接地回路、各接地点之间存在电位差等而产生的干扰。

强电干扰是强电柜内驱动电路中电磁铁、交流接触器、交流继电器等电磁器件动作时所产生的电磁尖脉冲或浪涌噪声，其窜入线路将不仅会干扰驱动电路本身，还会干扰其他信号电路（开关电源和激励电路）。

数控系统的诊断方法归纳起来大致可分为以下三大类：

(1) 启动诊断(startup diagnostics)；

(2) 在线诊断(on-line diagnostics)；

(3) 离线诊断(off-line diagnostics)。

4. 数控机床故障诊断与排除步骤

1) 发生故障时的处理方法

为了在发生故障之后能尽快排除故障，首要的是正确把握故障情况，进行适当的处理。为此，需要按下面的步骤来把握故障情况。

(1) 确定故障发生时间及频次，包括：

确定故障发生的日期和时刻，故障只发生了一次还是发生了多次；

确定故障是在通电时发生还是在运行过程中发生；

确定发生故障时是否有雷击或停电等影响电源的外部干扰因素。

(2) 确定引起故障的操作，包括：

确定故障发生时，数控装置处在什么工作模式（如手动模式、自动模式、MDI模式、返回参考点模式等）下；

确定故障是否在数据输入/输出时发生；

确定故障的发生是否与程序有关，如有关，确定故障发生在哪部分程序段，是在移动轴段发生还是在执行M/S/T代码时发生；

确认故障的再现性，即确定在进行相同操作时，是否会再次发生相同的故障。

(3) 确定故障类型，包括：

检查数控装置画面显示是否正常；

检查报警显示画面上所显示的报警内容（确定报警类型）；

发生与伺服相关的故障时，检查是否低进给速度和高进给速度下都会发生故障，以及故障是否只在移动特定的轴时发生（电缆断线）；

发生与主轴相关的故障时，检查故障是在通电时、加速时、减速时还是在稳定旋转时发生的；

加工尺寸不良时，确定尺寸相差多少，检查位置显示画面的坐标值是否不对。

此外，还需要进一步检查故障发生的情况，如：检查是否有噪声源在数控装置附近（故障发生频次较少时，可能是电源电压等外部干扰引起的噪声所致），检查是否在相同电源线上还连接了其他的机床和电焊机等（如果连接了上述设备，应检查故障是否与之存在某种关联），检查是否在机床一侧采取了防噪声的措施，是否有电压波动、工作环境的温度是多少，控制单元部分有多大的振动等。

5. 数控机床故障排除的一般方法

1）直观检查

通过观察故障发生时的各种光、声、味等异常现象，认真查看数控系统的各个部分，将故障查找范围缩小到一个模块或一个印制电路板等。

2）自诊断功能的使用

数控系统的自诊断功能已成为衡量数控系统性能特性的重要指标。数控系统的自诊断功能模块可随时监视数控系统的工作状态，一旦发生异常情况，立即在显示器上显示报警信息或用二极管指示故障的位置，这对维修是很有帮助的。

3）功能程序测试法

功能程序测试法是指用手工编程或自动编程的方法，编制一个数控系统的常用功能和特殊功能测试程序，将其输入数控系统，然后让数控系统运行这个程序，借以检查机床执行这些功能的准确性和可靠性，从而判断出故障发生的可能原因。

4）交换法

交换法是在分析出故障大致起因的情况下，利用备用的印制电路板、模块、集成电路芯片或元器件替换有疑点的部分，从而尽量缩小故障查找范围的方法。

5）原理分析法

根据数控机床组成原理，从逻辑上分析各点的逻辑电平和特征参数，从系统各部件的工作原理着手进行分析和判断，确定故障部位的维修方法。运用这种方法，要求维修人员对整个系统或每个部件的工作原理都有全面、清楚的了解，这样才能实现对故障的定位。

6）参数检查法

系统参数的变化会直接影响到机床的性能，甚至使机床不能正常工作，出现故障。数控系统发生故障时，应及时核对系统参数。通过核对、调整参数，可能排除故障。

此外，对于综合性故障，应按以下几个步骤来进行分析、判断：

(1) 充分调查故障现场；

(2) 罗列可能造成故障的诸多因素；

(3) 逐步找出故障产生的原因。

6. 在数控机床维修技术资料方面的要求

技术资料是数控机床故障诊断与维修的指南，在维修工作中亦很有价值。借助于技术资料可以大大提高维修工作的效率与维修的准确性。一般来说，对于重大的数控机床故障维修，应具备以下技术资料。

(1) 数控机床使用说明书。

(2) 数控系统的操作、编程说明书。

(3) PLC 程序，以便于维修人员查找故障原因。通过系统显示器，可直接对 PLC 程序进行动态检测和观察。

(4) 数控机床参数清单，它是由机床生产厂家根据机床的实际情况，对数控系统进行的设置与调整的参数清单。系统参数关系到机床的动、静态性能和精度，因此是维修机床的重要依据和参考。

(5) 数控系统的连接说明书、维修说明书、参数说明书。

(6) 伺服驱动系统、主轴驱动系统的使用说明书。

(7) PLC 使用与编程说明，以便于理解 PLC 程序。

(8) 机床主要配套功能部件，如数控转台、自动换刀装置、润滑与冷却系统、排屑器等的说明书与资料。

7. 数控机床常用的维修工具及仪器

1）机械拆卸及装配工具

如单头钩形扳手、端面带槽或孔的圆螺母扳手、弹性挡圈装拆用钳子、弹性手锤、拉带锥度平键工具、拉带内螺纹的销轴、圆锥销工具(俗称拔销器)、拉卸工具、拉开口销扳手和销子冲头等。

2）机械检修工具

如平尺、刀口尺和直角尺，垫铁，检验棒，游标万能角度尺等。

3）电气维修工具

如电烙铁、吸锡器，以及旋具、钳类工具等。

4）常用数控机床维修仪表

如磁性表座、百分表及杠杆百分表、千分表及杠杆千分表、比较仪、水平仪、转速表、万用表、示波器、相序表等。

5）常用数控机床维修仪器

如测振仪器、红外测温仪、激光干涉仪等。

8. 数控系统维护工作的内容

数控机床的数控系统在运行一段时间之后，某些电气元件难免会出现一些损坏或故障现象。数控系统是数控机床的核心，数控系统出现故障对数控机床的影响非常大。虽然现代数控系统的平均无故障时间已很长，如果有好的维护还可以增加其平均无故障时间，但是如果维护得不好，数控系统平均无故障时间也会减少并且其寿命会缩短。

因此，做好数控系统的维护工作是使用好数控机床的一个重要环节。数控机床的操作、维修和管理人员应共同做好维护工作。下面是数控系统维护的主要内容。

(1) 严格遵守数控机床的操作规程；

(2) 防止数控装置过热；

(3) 防止尘埃进入数控装置；

(4) 存储器用后备电池定期检查和更换；

(5) 经常检查数控系统的供电电压；

(6) 数控系统长期不用时的维护。

第1章 HNC-8系列数控系统共性故障

◇故障现象1:电源不能打开

这里说的电源,包括电源 HPW-145U 和电源控制部分。电源无法接通具体有以下两种表现。

故障现象1.1:电源打不开,电源指示灯不亮

故障原因1:电源单元的内部熔丝已熔断。这是由输入高电压引起的,或者是由于电源单元本身的元器件损坏了。

排除方法:检查进入电源单元的电压;更换电源单元元器件;更换熔丝。

故障原因2:输入电压低。

排除方法:检查进入电源单元的电压。

故障原因3:电源单元不良。

排除方法:检查、更换电源单元。

故障现象1.2:电源打不开,电源指示灯亮

电源 ON(开)的条件不满足。电源开的条件有三个:

(1) 电源 ON 按钮闭合后断开。

(2) 电源 OFF 按钮闭合。

(3) 外部线路及有关器件正常。

故障原因1:电源单元不良。

排除方法:按如下步骤进行检查:

(1) 把电源单元所有输出插头拔掉,只留下电源输入线和开关控制线。

(2) 把机床整个电源关掉,把电源控制部分整体拔掉。

(3) 开电源。此时如果电源指示灯正常,那么可以认为电源单元正常,否则说明电源单元损坏。

故障原因 2:电源直流+24 V 的空气开关断开(或熔丝熔断)。

排除方法:检查空气开关和熔丝。

故障原因 3:电源直流+5 V 的负载(如手摇脉冲发生器、电动机编码器或光栅、磁栅等)短路。

排除方法:把系统所带的直流+5 V 电源负载一个一个地拔掉来检查。每拔一次,都必须先关电源再开电源。

◇故障现象 2:轴返回参考点时出现偏差

故障现象 2.1:参考点位置偏差为一个丝杠螺距

故障原因 1:减速挡块位置不合适。

排除方法:用诊断信号监视减速信号,并记下参考点位置与减速信号起作用的那一点的位置。调整两个位置点之间的距离,大约等于电动机旋转一周时机床坐标轴所移动距离的一半。

故障原因 2:减速挡块太短。

排除方法:根据参考点与减速信号起作用点之间的距离为电动机旋转一周时机床坐标轴所移动距离的一半,来计算并确定挡块的长度。按确定的长度值,安装新挡块。

故障原因 3:回零开关不良。

排除方法:在系统 PLC 状态表中检查开关通断情况;更换回零开关或调整挡块安装位置。

故障原因 4:机械负载过大或连接不良。

排除方法:检查并调整负载和机械传动的连接情况。

故障现象 2.2:参考点返回位置随机变化

故障原因 1:存在电磁干扰。

排除方法:检查编码器反馈信号连接是否符合华中数控系统的连接要求。若不符合要求,按照华中数控系统电磁干扰设计要求重新布线连接,华中数控系统电磁兼容性布线规范参考《HNC-8 数控装置连接说明书》中 2.3 节"供电与接地"部分内容。

故障原因 2:位置编码器供电电压太低。

排除方法:采用多芯电缆并联;更换电池并相应提高编码器供电电压。

故障原因 3:电动机与机械传动部分联轴器松动。

排除方法:在电动机和丝杠上做个标记后运行该轴,观察标记位置变动情况来进行检查。若松动,则重新紧固联轴器。

故障原因 4:位置编码器不良。

排除方法:更换电动机位置编码器进行测试,检查更换后故障是否消除。

故障原因 5:电动机代码输入错误,电动机力矩过小。

排除方法:检查伺服模块与电动机规格代码是否正确,若不正确,输入正确的代码,再连接调试。

故障原因 6:伺服控制接口或伺服模块不良。

排除方法:更换伺服控制电缆或伺服模块进行测试。

故障现象 2.3:回参考点时坐标轴反向低速移动

故障原因 1:减速开关被压下或损坏。

排除方法:检查减速开关,以手动方式按压减速开关触头,同时在系统 PLC 状态表中查看信号通断状态是否正常。若减速开关损坏,则更换减速开关;若调整挡块安装位置不当,则调整挡块安装位置。

故障原因 2:减速开关短路。

排除方法:仔细检查减速开关,以手动方式按压减速开关触头,并在系统 PLC 状态表中查看信号通断状态是否正常。若减速开关损坏,则更换减速开关;若调整挡块安装位置不当,则调整挡块安装位置。

故障原因 3:减速开关进油进水。

排除方法：仔细检查减速开关，以手动方式按压减速开关触头，并在系统PLC状态表中查看信号通断状态是否正常。若减速开关进油进水，则更换减速开关；若调整挡块安装位置不当，则调整挡块安装位置。

故障现象2.4：回参考点时坐标轴无反应

故障原因1：PLC程序编制错误，没有设置回零开始及相应减速开关PLC输入点。

排除方法：检查、调试并修改PLC程序。

故障原因2：数控系统参数或驱动器参数设置不当。

排除方法：检查并修改相应参数，然后再进行调试。

故障原因3：机械负载过大或连接不良。

排除方法：检查和调整机械负载及机械连接情况。

故障现象2.5：回参考点时报硬件故障

故障原因1：轴回参考点时，在规定时间内数控系统未接收到编码器Z脉冲信号。

排除方法：检查及更换线缆、插头及伺服电动机编码器，然后再进行调试。

故障原因2：数控系统参数和驱动器参数设置不当。

排除方法：检查并修改相应参数，然后再进行调试。

故障原因3：机械负载过大或连接不良。

排除方法：检查和调整机械负载及机械连接情况。

故障现象2.6：回参考点时超程

故障原因1：运行中挡块松动或参考点开关松动、损坏，无参考信号，造成超程。

排除方法：检查并调整或更换连线、开关、卡线端子、挡块等。

故障原因2：回参考点快移速度设置得过高，减速动作未能完成时超程。

排除方法：修改回参考点快移速度后再进行调试。

故障原因3：开机时回参考点的那个轴已在减速区间内。

排除方法：手动移动工作台一段距离。

故障原因 4：回参考点时，压上减速开关后，以参考点搜索速度向前运动并超程。

排除方法：依次检查伺服驱动器接口线路是否连接良好，检查位置编码器的供电电压是否偏低，检查编码器 Z 信号是否正常及编码器整体工作是否正常；按华中数控公司要求更换伺服控制信号线缆和编码器线缆，然后再进行调试，或者更换编码器、伺服电动机。

◇故障现象 3：在手动、自动模式下机床都不能运转

故障现象 3.1：在手动、自动模式下机床都不能运转且位置界面的数值不变化

故障原因 1：系统处于急停状态。

排除方法：松开急停按钮，解除急停状态。

故障原因 2：系统处于复位状态。

排除方法：检查 PLC 中相关复位条件，处理不满足的条件以便正常复位。

故障原因 3：系统工作模式不正确。

排除方法：正确设置系统工作模式。

故障原因 4：修调倍率为零。

排除方法：正确设置修调倍率。

故障原因 5：精确停止到位检查设置不正常。

排除方法：检查系统定位误差参数。

故障原因 6：主轴速度到达信号不正常。

排除方法：检查 PLC 中伺服主轴速度到达信号及伺服主轴驱动装置。

故障原因 7：执行了锁住信号。

排除方法：解除机床锁住及轴锁住状态。

故障原因 8：系统参数设置异常。

排除方法：正确设置系统参数。

故障原因 9：系统报警。

排除方法：根据系统报警中文提示查找故障点，解除警报。

故障现象 3.2:在手动、自动模式下机床都不能运转且位置界面数值变化

故障原因:执行了锁住信号。
排除方法:解除机床锁住及轴锁住状态。

◇故障现象 4:在自动模式下,系统不运行

故障现象 4.1:自动运行时循环启动灯不点亮

故障原因 1:系统工作模式不正确。
排除方法:正确设置系统工作模式。
故障原因 2:循环启动信号未输入到系统。
排除方法:检查 PLC 循环启动信号及循环启动开关。
故障原因 3:进给保持信号输入到了系统。
排除方法:检查 PLC 进给保持信号及进给保持开关。

故障现象 4.2:自动运行时信号启动指示灯点亮

故障原因 1:系统正在等待辅助功能完成信号。
排除方法:检查 PLC 中 M、S、T 等相关辅助功能是否正常完成。
故障原因 2:正在执行 G04 延时指令。
排除方法:等待 G04 延时指令执行完成。
故障原因 3:进给速度为零。
排除方法:设定合适的进给速度。
故障原因 4:执行了锁住信号。
排除方法:解除机床锁住及轴锁住状态。
故障原因 5:正在等待主轴速度到达。
排除方法:检查 PLC 中伺服主轴速度到达信号及伺服主轴驱动装置。
故障原因 6:进给时主轴未转动或主轴编码器异常。
排除方法:检查主轴指令及 PLC 主轴控制;检查主轴编码器是否正常。

◇故障现象5:在MPG(手摇)模式下,机床不运行

故障原因1:系统工作模式设置错误。

排除方法:正确设置系统工作模式。

故障原因2:PLC梯形图错误。

排除方法:正确编制手摇模式下的PLC程序。

故障原因3:手摇轴选择错误。

排除方法:在PLC上正确设定手摇轴号。

故障原因4:手摇倍率选择错误。

排除方法:在PLC上正确设定手摇倍率。

故障原因5:手摇脉冲发生器存在故障,包括信号线断路或短路、手摇脉冲发生器不良。

排除方法:检查并处理线路问题;更换手摇脉冲发生器。

◇故障现象6:系统可以手动运行,但无法切换到自动或单段状态

故障原因1:坐标轴超程。

排除方法:反向手动运行已超程轴,解除超程状态。

故障原因2:系统有关信号(如线路、驱动器以及空气开关信号等)条件未满足要求。

排除方法:检查并处理线路;检查空气开关是否断开,若空气开关损坏则予以更换。

故障原因3:参数设置不当。

排除方法:正确进行参数设置。

故障原因4:PLC程序编制错误或有遗漏。

排除方法:检查并修改PLC程序。

故障原因5:系统硬件存在故障。

排除方法:检查并排除系统硬件故障。

◇故障现象7:系统始终保持复位状态

故障原因1:系统有关信号(如线路、驱动器以及空气开关信号等)条件未满足要求。

排除方法:检查并处理线路;检查空气开关是否断开,若空气开关损坏则予以更换。

故障原因2:参数设置不当。

排除方法:正确进行参数设置。

故障原因3:PLC程序编制错误或有遗漏。

排除方法:检查并修改PLC程序。

故障原因4:系统存在硬件故障。

排除方法:检查并排除系统硬件故障。

◇故障现象8:系统始终保持急停状态而不能复位

故障原因1:急停回路没有闭合。

排除方法:检查急停回路并处理线路问题。

故障原因2:未向系统发送复位信号。

排除方法:检查急停回路;检查PLC复位信号。

故障原因3:PLC编制错误或遗漏。

排除方法:检查并修改PLC程序。

故障原因4:系统存在硬件故障。

排除方法:检查并排除系统硬件故障。

◇故障现象9:开机后系统报坐标轴机床位置丢失

故障原因1:坐标轴移动过程中突然停电或系统突然关闭。

排除方法:重新供电后,先手动确认参考点然后关机,等待1～2 min再重新上电即可排除故障。

故障原因 2:系统参数设置错误。

排除方法:正确设置系统参数。

◇故障现象 10:运行或操作中出现死机或系统重新启动

故障原因 1:系统参数设置不当。

排除方法:正确设置系统参数。

故障原因 2:同时运行了系统以外的其他驻留程序。

排除方法:清除不必要的其他驻留程序。

故障原因 3:调用了较大程序。

排除方法:等待程序重新执行完成。

故障原因 4:调用了已损坏的 PLC 程序。

排除方法:检查并修改 PLC 程序。

故障原因 5:系统文件被破坏。

排除方法:修复或用正确的文件覆盖系统文件。

故障原因 6:电源功率不够。

排除方法:更换大功率电源。

故障原因 7:系统硬件存在故障。

排除方法:检查并排除系统硬件故障。

故障原因 8:系统受到了干扰。

排除方法:采取防干扰措施,避免使系统受到干扰。

◇故障现象 11:刀架刀库出现故障

故障现象 11.1:电动刀架的每个刀位都转动不停

故障原因 1:无+24 V 或 24 V 地输出。

排除方法:检查电源直流+24 V 或 24 V 地输出。

故障原因 2:有+24 V 及 24 V 地输出,但与刀架发信盘之间的连线断路,或者发信盘的发信电路板上＋24 V 和 24 V 地之间的连线短路。

排除方法:检查线路,排除电路故障。

故障原因 3:有＋24 V 及 24 V 地输出,连线正常,发信盘的发信电路板上＋24 V和 24 V 地之间的连线断路。

排除方法:检查线路,排除电路故障。

故障原因 4:刀位上＋24 V 电压实际值偏低,线路上的上拉电阻开路。

排除方法:检查线路,排除电路故障。

故障原因 5:数控系统反转控制信号及线路不良。

排除方法:检查线路,排除电路故障。

故障原因 6:刀位电平信号设置不当。

排除方法:正确设置刀位电平信号。

故障原因 7:发信盘霍尔元件损坏。

排除方法:检查并更换发信盘霍尔元件。

故障原因 8:刀架磁块无磁性或磁性不强。

排除方法:检查刀架磁块磁性情况,加磁或者更换新的磁块。

故障原因 9:PLC 程序编制错误。

排除方法:检查并修改 PLC 程序。

故障现象 11.2:电动刀架不转

故障原因 1:刀架电动机三相反相或缺相。

排除方法:检查三相电源和相序。

故障原因 2:数控系统正转控制信号及线路不良。

排除方法:检查刀架电动机正反转控制信号及线路,有问题则予以处理。

故障原因 3:刀架电动机无电源供给。

排除方法:检查刀架电动机三相电源,保证电源供给。

故障原因 4:无刀位信号输入或刀位信号 PLC 程序输入点设置不当。

排除方法:检查有无 PLC 刀位信号输入,检查输入线路;检查 PLC 刀位信号输入地址。

故障原因 5:刀架存在机械卡阻。

排除方法:检查并修复刀架机械。

故障原因6:刀架反锁时间过长造成机械卡阻。

排除方法:检查并缩短刀架反锁时间。

故障原因7:刀架电动机损坏。

排除方法:检查并更换刀架电动机。

故障原因8:刀架电动机进水,造成电动机短路。

排除方法:更换刀架电动机;对刀架电动机采取防护措施。

故障原因9:PLC 程序编制错误。

排除方法:检查并修改 PLC 程序。

故障现象 11.3:刀架锁不紧

故障原因1:发信盘位置不正确。

排除方法:检查并调整发信盘位置。

故障原因2:系统中设置的刀架反锁时间不够长。

排除方法:适度增大刀架反锁时间。

故障原因3:机械锁紧机构存在故障。

排除方法:检查刀架机械,处理引起故障的问题。

故障原因4:刀架正转正确选刀后未做一定的延时。

排除方法:修改 PLC 程序,使刀架正转正确选刀后做适度延时。

故障原因5:PLC 程序编制错误。

排除方法:检查并修改 PLC 程序。

故障现象 11.4:刀架的某一个刀位转不停,其余刀位可以转动

故障原因1:此刀位发信盘的霍尔元件损坏。

排除方法:检查并更换刀位发信盘的霍尔元件。

故障原因2:此刀位的信号线断路或接触不良,造成系统无法检测到位信号。

排除方法:检查刀位的信号线,视实际情况进行相应的处理。

故障原因3:PLC 程序输入点损坏或刀位电平信号设置不当。

排除方法:更换 PLC 输入板或变更 PLC 输入刀位地址;进行刀位电平变换。

故障现象 11.5:刀架有时转不动

故障原因 1:刀架的控制信号受到干扰。

排除方法:采取防干扰措施。

故障原因 2:刀架内部机械故障,造成偶尔卡死。

排除方法:检查并修复刀架机械。

故障现象 11.6:刀架换刀时出现换刀超时报警

故障原因 1:数控系统未接收到相应刀位信号,不能完成换刀。

排除方法:检查刀位信号线路;检查 PLC 刀位信号输入地址。

故障原因 2:换刀超时时间设置不当。

排除方法:合理设置换刀超时时间。

故障原因 3:PLC 程序编制错误。

排除方法:检查并修改 PLC 程序。

故障现象 11.7:刀库换刀过程中循环等待换刀不能完成

刀库换刀过程中每一个步骤不能正确完成都会造成等待换刀不完成。

故障原因 1:主轴定向不能正确完成。

排除方法:检查实现主轴定向功能的相关设备是否出现故障。

故障原因 2:换刀点及抬刀点确认不正确。

排除方法:检查并合理设置换刀点及抬刀点。

故障原因 3:刀库不能正确换刀。

排除方法:检查刀库相关控制及检测信号;检查 PLC 是否工作正常。

故障原因 4:刀具不能正确夹紧与放松。

排除方法:检查打刀机构;检查松紧刀控制信号、检测信号及相关线路是否正常;检测气压。

故障原因 5:刀库或换刀机械手不能回原位。

排除方法:检查刀库或换刀机械手机械、线路及 PLC 控制线路。

故障原因 6:PLC 程序中当前刀位与指令刀位不一致。

排除方法:检查并修改 PLC 程序。

故障现象 11.8:刀架能选刀,但刀架偏了一个角度

故障原因 1:刀架发信盘电源不正确。
排除方法:检查发信盘电源电压及线路。
故障原因 2:无刀架反转信号输出。
排除方法:检查三相电源相序及刀架反转控制线路。
故障原因 3:刀架反转继电器或接触器损坏。
排除方法:检查刀架反转继电器和接触器,若损坏则予以更换。
故障原因 4:PLC 程序编制错误或遗漏。
排除方法:检查并修改 PLC 程序。
故障原因 5:机械连接有松动或存在机械故障。
排除方法:检查机械设备,保证机械牢固连接并能正常工作。
故障原因 6:系统硬件存在故障。
排除方法:检查并排除系统硬件故障。

故障现象 11.9:刀架不动

故障原因 1:电源缺相。
排除方法:检查三相电源。
故障原因 2:电源相序不正确。
排除方法:检查三相电源相序。
故障原因 3:刀架反转继电器或接触器损坏。
排除方法:检查刀架反转继电器和接触器,若损坏则予以更换。
故障原因 4:无刀架运转(正转/反转)输出信号。
排除方法:检查 PLC 控制及刀架控制线路。
故障原因 5:刀架电动机损坏。
排除方法:检查刀架电动机,若损坏则予以更换。
故障原因 6:发生了机械卡阻。
排除方法:检查机械是否能正常工作,若发生机械卡阻则处理引起卡阻的问题。
故障原因 7:PLC 程序编制错误或遗漏。

排除方法:检查并修改 PLC 程序。

故障原因 8:系统硬件存在故障。

排除方法:检查并排除系统硬件故障。

◆故障现象 12:电磁干扰

故障现象 12.1:进给轴坐标值缓慢变化

故障原因:电动机到伺服驱动器的保护地线没有接好。

排除方法:接好保护地线。

故障现象 12.2:数控车床车螺纹时,偶尔发生乱扣现象

故障原因:存在不明干扰。

排除方法:将机床接地并采用屏蔽线缆。

故障现象 12.3:机床运行过程中偶尔发生死机现象

故障原因:存在干扰,误将中线当成地线接入了电气控制柜。

排除方法:将中线取消,重新良好接地。

故障现象 12.4:发生总线传输错误

故障原因:接地处理不合适,存在传输干扰。

排除方法:合理接地。

故障现象 12.5:铣床在调试过程中经常发生跟踪误差过大的情况

故障原因:电缆过长,导致编码器端实际电压偏低。

排除方法:缩短电缆,或电缆采用多芯绞合,并联使用。

故障现象 12.6:零件尺寸公差过大

故障原因:编码器反馈线接地不当。

排除方法:适当双端接地。

故障现象 12.7:伺服驱动器及主轴上强电并使能后屏幕显示有很多水纹

故障原因:数控装置与显示器的距离较长,其连接线缆没有采用屏蔽措施。
排除方法:采用屏蔽双绞线且双端屏蔽接地。

故障现象 12.8:换刀时经常出现错位

故障原因:刀位信号线与刀架电动机动力线布置在一起且屏蔽与接地处理不当,因而在换刀时产生强干扰信号,造成刀位信号错乱。
排除方法:为刀架电动机及控制电动机增加灭弧器,对到位信号线采用屏蔽措施,并对输入信号进行软件屏蔽。

故障现象 12.9:分度定位时发现反馈位置偏移

故障原因:存在高频干扰。
排除方法:对信号线进行电容滤波。

故障现象 12.10:低速转动时主轴速度波动很大

故障原因:存在高频脉冲干扰。
排除方法:采用磁环(磁珠)与电容相结合进行滤波。

故障现象 12.11:数控激光焊接机有时会在激光器启动时出现误动作

故障原因:电压跌落造成继电器误动作。
排除方法:采用性能较好的宽电压继电器。

第2章 华中数控系统类常见故障

2.1 HNC-8 系列数控系统报警信息

HNC-8 系列数控系统错误代码、错误号与相应的错误内容如表 2-1 所示。

表 2-1 HNC-8 系列数控系统错误代码、错误号与相应的错误内容

错误类型	错误号	错误内容
加工程序语法错误代码	－1	一行的代码太长
	－2	非法表达式
	－3	一行的指令字太多
	－4	非法符号
	－5	无意义的纯数字
	－6	非法数字
	－7	调用层数太多
	－8	G 指令未定义
	－9	代码未定义
	－10	流程控制错
	－11	数字运算错
	－12	未定义的寄存器名
	－13	非法变量表示
	－14	G05 的 Q 参数非法
	－15	到达文件尾，没有 M30 等结束标记
	－16	非法镜像指令
	－17	非法缩放指令
	－18	非法旋转指令
	－19	非法平移指令

续表

错误类型	错误号	错误内容
加工程序语法错误代码	—20	非法 M 指令
	—21	一行的 M 指令太多
	—22	一行有两个或更多的位置指令
	—23	没有合法的 G 代码
	—24	非法的坐标平面指令
	—25	圆弧参数错
	—26	流程溢出
	—27	比较的数据类型不匹配
	—28	参与运算的不是整数
	—29	非法数据类型
	—30	数据超出范围
	—31	被零除
	—32	表达式太复杂
	—33	表达式括号重数太多
	—34	左右括号数不匹配
	—35	非法指令
	—36	不能给常量赋值
	—37	程序嵌套太多
	—38	不支持 ELSE IF
	—39	子程序调用报警
	—40	宏程序调用太多
	—41	复合循环轮廓段数太多
	—42	不支持的复合循环轮廓线型
	—43	复合循环退刀量小于进刀量
	—44	复合循环未定义径向进刀量
	—45	复合循环未定义退刀量
	—46	复合循环未定义起始行
	—47	复合循环未定义结束行
	—48	复合循环精加工余量错误

续表

错误类型	错误号	错误内容
加工程序语法错误代码	−49	运动轴的G5×零点未定义
	−50	运动轴的G92零点未定义
	−51	运动轴位置重复定义，一般为U、W和X、Z重复
	−52	复合循环路径处理出现问题
	−53	径向粗车复合循环凹槽数太多
	−54	径向粗车复合循环编程方向错误或非单调增减
	−55	端面粗车复合循环轴向非单调增减
	−56	端面粗车复合循环径向非单调增减
	−57	复合循环未定义轴向进刀量
	−58	复合循环参数重复定义
	−59	复合循环圆弧数据错
	−60	有凹槽的复合循环不能有轴向余量
	−61	复合循环第一段没有径向运动
	−62	非直线段不能倒角
	−63	倒角数据错
	−64	倒角参数冲突
	−65	角度编程数据不合理
	−66	复合循环余量数据错
	−67	复合循环第一段不能是圆弧
	−68	复合循环不能嵌套
	−69	复合循环没有轴向运动
	−70	复合循环起始段起点与终点重合
	−71	复合循环编程方向错
	−72	闭环复合循环无余量
	−73	闭环复合循环无循环次数
	−74	闭环复合循环余量方向矛盾
	−75	复合循环参数错
	−76	固定循环子程序未定义
	−77	复合循环末段未定义

续表

错误类型	错误号	错 误 内 容
加工程序语法错误代码	−78	复合循环始段未定义
	−79	复合循环轮廓第一段前或最后一段后不能倒角
	−80	行数超过范围
	−81	不能从分支、子程序或循环中跳出
	−82	不能跳入分支、子程序或循环
	−83	开启 RTCP 功能必须定义工件坐标系
	−84	固定循环文件未加载
	−85	缺少 ENDIF
	−86	缺少 ENDW
	−87	不能给只读变量赋值
	−88	延时参数缺失
	−89	未定义进给速度
	−90	未定义主轴转速
	−91	未定义刀具
	−92	译码错误
	−93	指定了不存在的通道
	−94	螺纹未定义
	−95	非法 T 代码
	−96	没有定义非工具坐标系
	−97	恒线速度切削必须定义线速度 S
	−98	圆柱插补参数错
	−99	子程序报警
	−100	螺纹加工长轴退尾量不能为零
	−101	螺纹加工未指定主轴
	−102	指定了不存在的轴
	−103	没指定轴号
	−104	非法进给速度
	−105	WHILE 语句不匹配
	−106	IF 语句不匹配

续表

错误类型	错误号	错误内容
加工程序语法错误代码	−107	G指令的参数未定义
	−108	G指令的参数不合法
	−109	程序不存在
	−110	G28、G29指令轴不一致
	−111	刀具半径补偿未指定补偿号
	−112	刀具长度补偿未指定补偿号
	−113	未定义子程序号
	−114	G53.1所在行不能有指令位移
	−115	极坐标插补定义了太多轴,G68.1所在行不能有指令位移
	−116	非法刀具补偿号
	−117	非法刀具号
	−118	虚拟轴定义了零点
	−119	未定义NURBS节点向量
	−120	非法的数组表达式
	−121	NURBS阶次与节点向量数不符
	−122	坐标位置重复定义
	−123	变换嵌套次序错误
	−124	机床坐标系未建立
	−125	错误的数据类型
	−126	未定义程序结束代码
	−127	刀补方向无增量的程序段太多
	−128	一行获取的轴数太多
	−129	要切换的主轴未配置
	−130	没有选择程序
	−131	通道内有程序运行
	−132	获取的轴未释放
	−133	直线轴不能做转动轴
	−134	遗漏NURBS坐标

续表

错误类型	错误号	错误内容
加工程序语法错误代码	−135	NURBS起点坐标错误
	−136	角度编程中插入了非法0组指令
	−137	刀具半径补偿中不可切换坐标平面
	−138	程序结束前未取消刀补
	−139	未定义单向定位偏移量
	−140	暂不支持子程序调用固定循环
	−141	第二类刀长补偿模式定义的轴非法
	−142	螺纹加工刀尖方向错
	−143	脉冲速度轴未释放
	−144	暂不支持负半径补偿
	−145	螺纹加工参数错
	−146	圆弧端点半径相差超过限制
	−147	复合循环粗加工不支持半径补偿
	−148	非法M代码
	−149	复合循环中有不支持的指令
	−150	编程长度错误
	−151	极坐标角度长度分辨率必须一致
	−152	G31/G12/G07.1倒角等指令位置不当，或与坐标指令同行
	−153	G73凹槽不能有Z向粗车量
	−154	未定义G93的F值
	−155	固定循环格式不规范
	−156	不支持的指令
	−157	整圆不能用R编程
	−158	坐标位置重复定义
	−159	螺纹未定义螺距
	−160	固定循环不能用G53
	−161	不能在G46所在行建立/切换坐标系
	−162	非标准回转轴只能在G01程序段中移动

续表

错误类型	错误号	错误内容
加工程序语法错误代码	−163	C/S 切换与编程选择[角度|倒角]冲突
	−164	第一个极坐标编程指令不完整
	−165	极坐标编程的两个轴增量属性不一致
	−166	指令格式错
	−167	极坐标插补不能配置虚拟轴
	−168	极坐标及柱面插补中不能切换坐标平面
	−169	指定的主轴不在主轴模式或未配置
	−170	极坐标插补中不能有中断性指令(如 M92、G31 等)
	−171	极坐标插补不能配置 W 轴
	−172	极坐标插补 G12 不能重复指定
	−173	偏心量太大,编程位置不可达
	−174	G29 与 G28 不匹配
	−175	非法刀偏号
	−176	复合循环非法结束行号
	−177	G29 X 轴中间点未定义
	−178	G29 Y 轴中间点未定义
	−179	G29 Z 轴中间点未定义
	−180	G29 A 轴中间点未定义
	−181	G29 B 轴中间点未定义
	−182	G29 C 轴中间点未定义
	−183	G29 U 轴中间点未定义
	−184	G29 V 轴中间点未定义
	−185	G29 W 轴中间点未定义
	−186	指定了非活动态的 X 轴
	−187	指定了非活动态的 Y 轴
	−188	指定了非活动态的 Z 轴
	−189	指定了非活动态的 A 轴
	−190	指定了非活动态的 B 轴
	−191	指定了非活动态的 C 轴
	−192	指定了非活动态的 U 轴
	−193	指定了非活动态的 V 轴

续表

错误类型	错误号	错 误 内 容
加工程序语法错误代码	−194	指定了非活动态的 W 轴
	−195	非法刀具偏置位数
	−196	表达式计算校验错
	−197	不支持的变换类型
	−198	复合循环最后一段增量不合法
	−199	复合循环圆弧凹槽坐标不合理
	−200	复合循环起点不是最高点
	−201	GOTO 语句未找到程序行号
	−202	GOTO 语句跳转目标语句位置非法
	−203	当前不允许在 MDI 模式下执行刀偏
	−204	复合循环粗加工结束时未取消半径补偿
	−205	缺少程序头
	−206	倒角平面轴缺少增量
	−207	G5× CRC 校验错
	−208	分度轴指令位置不是分度间隔的整数倍
	−209	分度轴间隔未定义
	−210	倒角/倒圆过程中不支持非插补指令
	−211	G16 指令中不能使用 G04_
	−212	大程序不支持流程控制
	−213	文件未加载
	−214	太多模态变化
	−215	大程序不支持 M99 返回
	−216	极坐标插补假想轴原点坐标必须小于机床坐标
	−217	任意行扫描到的 MST 太多
	−218	长度补偿指令行无刀具轴移动指令
	−219	任意行扫描到 G92 指令
	−221	半径补偿无交点
	−222	缓存型指令执行过程中不能执行等待指令
	−223	不确定的外部子程序调用
	−224	刀具数据丢失
	−500	G53.1(法向进退刀)缺少参数

续表

错误类型	错误号	错误内容
系统错误代码（第1组）	0x00000000	通道中的轴有报警
	0x00000002	通道中的伺服驱动器有报警
	0x00000004	系统调度故障
	0x00000008	急停
	0x00000010	进入限制区域
	0x00000020	有系统或 PLC 报警
	0x00000040	软限位
	0x00000080	硬限位
	0x00000100	螺纹退尾参数不合理
	0x00000200	螺纹加工缺主轴编码器
	0x00000400	主轴速度或主轴编码器分辨率太低
	0x00000800	同步错
	0x00001000	程序语法错
	0x00002000	插补数据错
	0x00004000	插补任务异常
	0x00008000	PLC 任务异常
	0x00010000	刀具姿态无解
	0x00020000	××号刀具寿命已完
系统错误代码（第3组）	0x00000004	压正限位挡块
	0x00000008	压负限位挡块
	0x00000010	实际速度超速
	0x00000020	跟踪误差过大
	0x00000040	超速
	0x00000080	超加速
	0x00000100	找不到 Z 脉冲
	0x00000200	失去连接
	0x00000400	未回参考点
	0x00000800	同步位置超差
	0x00001000	从轴零点检查失败
	0x00002000	同步速度超差
	0x00004000	同步电流超差
	0x00010000	已超出行程正限位
	0x00020000	已超出行程负限位
	0x00040000	加速度和最高速度不匹配

续表

错误类型	错误号	错 误 内 容
系统错误代码（第 4 组）	0x00000000	总线连接不正常
	0x00000004	总线数据帧校验错误
	0x00000020	总线从站设备无法识别
	0x00000080	总线从站模式配置出错
	0x00000100	校验伺服参数出错
	0x00000200	读取伺服参数失败
	0x00000400	设置伺服参数失败
	0x00000800	保存伺服参数失败
	0x00001000	恢复伺服参数失败
系统提示错误代码（第 1 组）	0x00000000	有来自轴的提示
	0x00000002	有来自伺服驱动器的提示
	0x00000004	有来自 PLC 的提示
	0x00000008	修改刀具数据或工件坐标后须重运行
	0x00000100	不在断点位置
	0x00000200	主轴速度波动超过限制
	0x00000400	轴加速度超过限制
	0x00000800	启动程序时不在自动模式
	0x00001000	主轴零速
	0x00002000	指定行起点不在断点位置
	0x00004000	指定行移动轴与模态移动轴不一致
	0x00008000	预选刀具未到位
	0x00010000	非模态方式执行 1
	0x00020000	非模态方式执行 2
	0x00040000	C/S 切换的轴不存在
	0x00080000	C/S 切换的轴需要点动找零
	0x00100000	G91 增量编程忽略 G53
	0x00200000	准停检查超时
	0x00400000	将超出软限位
	0x00800000	有刀具寿命已完
	0x01000000	有刀具寿命预警
	0x02000000	程序运行中，请先复位

续表

错误类型	错误号	错 误 内 容
系统提示错误代码（第3组）	0x00000000	最大补偿率超出
	0x00000002	最大补偿值超出
	0x00000004	零点偏置参数过小
	0x00000010	软限位值太大
	0x00000020	第二软限位值太大
	0x00000040	绝对值编码器循环位数不合法
	0x00000080	位置溢出
	0x00000100	目标点在正限位外
	0x00000200	目标点在负限位外
	0x00000400	需要调整Z脉冲掩码角度
	0x00000800	需要调整参考点位置
	0x00001000	工作误差过大
伺服驱动器错误代码	1	主电路欠压
	2	主电路过压
	3	功率回路保护
	4	制动回路故障
	6	电动机过热
	7	编码器增量信号错误
	8	编码器类型设置错误
	9	电动机发生堵转
	10	电动机电流超过参数的设置倍数
	11	电动机转速超过设置的最高转速
	12	跟踪误差过大
	13	电动机长时间工作在过载状态
	14	参数设置错误
	15	指令速度超过设置的最大速度
	16	控制板硬件出现故障

续表

错误类型	错误号	错误内容
伺服驱动器错误代码	17	驱动器散热器温度超过100 ℃
	19	电流转换故障
	20	反向超程警告
	21	正向超程警告
	22	驱动器自调整错误
	23	NCUC数据帧校验错误
	24	NCUC数据丢包错误
	25	NCUC通信链路断开错误
	26	电动机编码器通信故障
	27	全闭环编码器正余弦信号失真
	28	全闭环编码器通信故障
	29	伺服电动机与驱动器代码匹配错误
	30	伺服电动机相序出错
	31	驱动器自动找编码器零点失败
	32	编码器Z脉冲没有找到
	33	增量式编码器零点丢失
	34	多摩川编码器电池电量不足
	35	多摩川编码器电池电量用尽
	36	多摩川编码器多圈位置计数溢出
	37	全闭环编码器计数错误
	38	多摩川编码器零位不正常
	39	无伺服电动机代码警告
	40	伺服电动机型号代码错误
	41	增量式编码器初始相位错误

2.2 PLC 报警文本

PLC 报警文本如表 2-2 所示。

表 2-2　PLC 报警文本

序号	文本内容
1	伺服报警
2	换刀允许灯亮时,禁止转主轴
3	松刀时禁止转主轴
4	主轴定向时禁止转主轴
5	主轴旋转时禁止松刀
6	换刀允许灯亮时,禁止主轴定向
7	快移修调值为零
8	刀库未进到位
9	刀库未退到位,请在手动模式下退回
10	紧刀未到位
11	松刀未到位
12	目的刀号超过刀库范围
13	第二参考点未到位
14	Z 轴/机床锁住不允许换刀
15	第三参考点未到位
16	主轴正反转、回零不允许同时执行
17	主轴为 C 轴时禁止主轴正反转
18	未找到目的刀号
19	扣刀未到位,检查刀臂电动机
20	交换刀未完成
21	回刀臂原点未完成
22	刀松紧报警
23	刀套检查报警
24	机械手不在起始位报警

续表

序号	文本内容
25	刀套未到位报警
26	刀套未回到位报警
27	主轴报警
28	机床气压低报警
29	冷却电动机过载报警
30	外部报警
31	刀套未回,请先回刀套(M69)
32	主轴定向时不能切换位置模式
36	急停按钮被按下
39	机械手电动机过载报警
41	刀库电动机过载报警
44	外部报警
45	机械手不在原点
46	扣刀未到位
47	扣刀未到位
48	刀套不在正确位置
49	扣刀未到位
50	主轴不允许转(机械手不在原位)
51	机械手不在原点
52	刀套信号异常
53	松紧刀信号异常
54	机械手不在原位,Z 轴不能运动
55	目的刀号与刀库换刀点刀具号不一致
56	刀库旋转超时,请用 M37 刀库回零并检查刀位

2.3 华中数控系统常见故障

◇故障现象1:数控系统显示器黑屏或白屏

故障原因1:输入电压不正常,系统无法得到正常电压。

排除方法:检查系统的220 V电压输入,看220 V电压是否正常,若正常,则检查电源供给回路各元器件是否损坏、各触点接触是否良好,检查外部电压是否稳定。

故障原因2:显示模块(视频板)损坏。

排除方法:更换显示模块。

故障原因3:显示模块电源不良或没有接通。

排除方法:对电源进行修复。

故障原因4:显示器由于电压过高被烧坏。

排除方法:更换显示器。

故障原因5:系统显示器亮度调节过暗或过亮。

排除方法:对显示器亮度进行重新调整。

故障原因6:显示器亮度灯管故障。

排除方法:更换显示器或显示器灯管。

◇故障现象2:系统上电后花屏或乱码

故障原因1:系统文件被破坏。

排除方法:修复系统文件或重装系统。

故障原因2:系统内存不足。

排除方法:对系统进行整理,删除一些不必要的垃圾。

故障原因3:显示器连线(视频电缆)松动,接触不良。

排除方法:检查并牢固接线。

故障原因4:存在外部干扰。

排除方法:采取一些防干扰措施。

◇故障现象3:数控系统不能进入主菜单

故障原因1:主板BIOS设置启动项错误,造成数控装置不读CF卡,不进系统。

排除方法:进入CPU主板BIOS重新设置启动项。

故障原因2:操作系统或数控系统损坏崩溃。

排除方法:利用HNC-8系列数控系统专用U盘修复工具进行还原修复。

◇故障现象4:运行或操作中出现死机或系统重新启动的现象

故障原因1:参数设置错误或参数设置不当。

排除方法:正确设置参数。

故障原因2:同时运行了系统以外的其他内存驻留程序,或正从U盘或网络调用较大的程序,或者正从一损坏的U盘上调用程序。

排除方法:停止部分正在运行或调用的程序。

故障原因3:系统文件受到破坏。

排除方法:利用HNC-8系列数控系统专用U盘修复工具重新进行系统修复安装。

故障原因4:电源功率不足。

排除方法:确认电源的负载能力是否符合系统要求。

故障原因5:系统元器件受到损害。

排除方法:检查系统有无器件损坏,若损坏则更换新的元器件。

◇故障现象5:系统始终保持急停或复位状态

故障原因1:电气设备方面出现问题,包括急停回路开路、限位开关损坏、急停按钮损坏。

排除方法:检查急停回路、限位开关、急停按钮,修复电路或者更换电气元件。

故障原因 2:系统参数设置错误,使系统信号不能正常输入/输出或复位条件不能满足,引起急停故障。

排除方法:若 PLC 程序未向系统发送复位信号,应检查 PLC 急停信号输入,并检查 PLC 程序。

故障原因 3:复位条件未满足。如“伺服驱动准备好”,“主轴驱动准备好”等信号未满足要求,可引起急停故障。

排除方法:松开急停按钮,检查 PLC 中规定的系统复位所需要完成的信号。如果复位条件未满足,此时应检查逻辑电路,利用电气原理图以及系统的检测功能,判断是什么条件未满足,并进行相应处理。

故障原因 4:PLC 程序编制错误。

排除方法:按照 PLC 编程手册重新调试,正确编制 PLC 程序。

故障原因 5:系统跟踪误差过大造成急停,不能复位。

故障原因 5.1:负载过大,夹具夹偏造成摩擦力或阻力过大,从而使伺服电动机输出扭矩过大,电动机出现丢步,造成跟踪误差。

排除方法:减小负载,改变切削条件或装夹条件。

故障原因 5.2:编码器因电压、连接等原因,反馈信号出现问题。

排除方法:检查编码器的接线是否正确,接口是否松动,用示波器检查编码器的反馈是否正常。

故障原因 5.3:伺服驱动器报警或损坏。

排除方法:更换伺服驱动器或进行维修。

故障原因 5.4:进给伺服驱动系统强电电压不稳或缺相等。

排除方法:检查和改善供电电压。

◇故障现象 6:系统可以手动运行但无法切换到自动或单段状态

故障原因 1:防护门未关闭。

排除方法:关闭防护门。

故障原因 2:主轴有报警。

排除方法:检查主轴相关设置,采取消除警报的措施。

故障原因3:PLC程序编写错误。

排除方法:重新调试PLC程序。

◇故障现象7:屏幕没有显示但工程面板能正常控制

故障原因1:亮度调整太低或太高。

排除方法:重新设置显示器亮度。

故障原因2:系统主板显示分辨率设置不当。

排除方法:调整系统主板显示分辨率,直至能正常显示为止。

故障原因3:显示器损坏或显示器连线接触不良。

排除方法:检查显示器和显示器连线,若显示器损坏则进行修复或者更换,接好显示器连线。

故障原因4:系统软件损坏或不匹配。

排除方法:修复系统软件或者采用匹配的系统软件。

◇故障现象8:系统出现跟踪误差或定位误差报警

即数控系统在自动运行过程中,跟踪误差过大,引起急停报警。

故障原因1:负载过大,或者夹具夹偏造成摩擦力和阻力过大,造成跟踪误差过大。

排除方法:减小负载,改变切削条件或装夹条件。

故障原因2:编码器反馈出现问题。

排除方法:检查编码器的接线是否正确,接口是否松动,或用示波器检查编码器的反馈是否正常。

故障原因3:伺服驱动器报警或损坏。

排除方法:更换伺服驱动器或进行维修。

故障原因4:进给伺服驱动系统电压不稳或缺电源缺相。

排除方法:检查和改善供电电压。

故障原因5:打开急停系统后,在复位过程中,带抱闸的电动机由于打开抱闸时间过早,使电动机的实际位置发生变动,导致跟踪误差过大而引起报警。

排除方法:适当延长电动机抱闸的时间，当伺服电动机完全准备好之后再打开抱闸。

故障原因6:伺服驱动器未上强电。

排除方法:检查线路及PLC控制设备。

故障原因7:电动机反馈电缆和动力电缆未一一对应。

排除方法:正确接好电动机反馈电缆和动力电缆。

故障原因8:控制电缆未接好或受干扰。

排除方法:接好控制电缆，采取有效的抗干扰措施。

故障原因9:伺服驱动器特性太硬或太软。

排除方法:调整伺服驱动器特性参数。

故障原因10:伺服驱动器参数设置错误。

排除方法:调整伺服驱动器特性参数。

故障原因11:伺服驱动器未上使能。

排除方法:伺服驱动器加使能。

故障原因12:伺服驱动器或电动机选型错误。

排除方法:选择合适的伺服驱动器和电动机。

故障原因13:伺服驱动器或电动机损坏。

排除方法:检查伺服驱动器和电动机，若损坏则予以更换。

故障原因14:系统硬件存在故障。

排除方法:检查系统硬件并排除故障。

故障原因15:存在机械卡阻。

排除方法:检查机器，消除机械卡阻现象。

◇故障现象9:系统有手摇工作模式但手摇脉冲发生器无反应

故障原因1:手持单元电缆未接好或断路。

排除方法:检查手持单元电缆，接好线路。

故障原因2:手摇脉冲发生器损坏。

排除方法:检查手摇脉冲发生器，若损坏则予以更换。

故障原因3:手持单元的轴选择或倍率开关损坏。

排除方法:检查手持单元的轴选择或倍率开关,若损坏则予以更换。

故障原因 4:系统硬件出现故障。

排除方法:检查系统硬件并排除故障。

故障原因 5:PLC 程序编制错误或遗漏。

排除方法:检查和修改 PLC 程序。

故障原因 6:系统参数设置错误。

排除方法:检查和调整系统参数。

◇故障现象 10:系统无手摇工作模式

故障原因 1:手持单元未连接到手持单元接口上。

排除方法:将手持单元接到手持单元接口上。

故障原因 2:手持单元电缆未接好或断路。

排除方法:检查手持单元电缆,接好线路。

故障原因 3:系统硬件出现故障。

排除方法:检查系统硬件并排除故障。

故障原因 4:PLC 程序编制错误或遗漏。

排除方法:检查和修改 PLC 程序。

故障原因 5:系统参数设置错误。

排除方法:检查和调整系统参数。

第3章 华中数控主轴驱动类常见故障

◇故障现象 1:不带变频器的主轴不转

故障原因 1:存在机械传动故障。

排除方法:检查传动有无断裂或机床是否在空挡。

故障原因 2:供给主轴的三相电源缺相或反相。

排除方法:检查三相电源是否缺相,或调换任意两条电源线。

故障原因 3:电路连接错误。

排除方法:认真按照电气原理图检查,确保连线正确。

故障原因 4:系统无相应的主轴控制信号输出。

排除方法:用万用表测量系统信号输出端,若无主轴控制信号输出,则需更换相应板卡或送厂维修。

故障原因 5:PLC 程序编制错误。

排除方法:根据电气原理图,重新编制 PLC 程序。

故障原因 6:系统有相应的主轴控制信号输出,但电源供给线路及控制信号输出线路存在断路或元器件损坏。

排除方法:按照电气原理图,用万用表检查系统与主轴电动机之间的电源供给回路、信号控制回路是否存在断路或短路,各连线间的触点是否接触不良,交流接触器、直流继电器是否有损坏;检查热继电器是否过流;检查空气开关是否断开或熔丝是否烧毁等。

故障原因 7:主轴电动机故障。

排除方法:检查主轴电动机,若有故障则予以维修或更换。

◇故障现象 2:带变频器的主轴不转

故障原因 1:存在机械传动故障。

排除方法:检查传动有无断开或机床是否在空挡。

故障原因 2:供给主轴的三相电源缺相。

排除方法:检查三相电源是否缺相。

故障原因 3:数控系统的模拟量输出等参数配置不正确。

排除方法:检查并正确设置数控系统模拟量输出相关参数。

故障原因 4:系统与变频器的线路连接错误。

排除方法:检查数控系统与变频器的连接,确保连线正确。

故障原因 5:模拟电压输出不正常。

排除方法:用万用表检查系统输出的模拟电压是否正常;检查模拟电压信号线连接是否正确或接触不良、屏蔽接地是否正确,变频器接收的模拟电压、输入阻抗是否匹配。

故障原因 6:PLC 程序编制错误。

排除方法:根据电气原理图以及数控系统说明书,重新编制 PLC 程序。

故障原因 7:强电控制部分断路或元器件损坏。

排除方法:检查主轴供电线路各触点连接是否可靠,线路有否断路,直流继电器是否损坏,空气开关是否断开或熔丝是否烧坏。

故障原因 8:主轴驱动装置出现故障。

排除方法:检查主轴驱动装置,排除故障。

故障原因 9:主轴电动机出现故障。

排除方法:检查主轴电动机工作是否正常,若有故障则采取相应措施予以排除。

故障原因 10:变频器输出端子 U、V、W 不能提供电源。

排除方法:检查是否有报警错误代码显示,如有,则对照相关说明书消除造成报警的原因(主要有过流、过热、过压、欠压以及功率块故障等);检查频率指定源和运行指定源的参数设置,确保参数设置正确;检查智能输入端子的输入信号是否正确。

◇故障现象 3:带电磁耦合器的主轴不转

故障原因 1:电磁离合器程序存在故障。电磁离合器线圈没有电压供给,使传动齿轮无法闭合,导致主轴不能转动;线圈短路、断路同样可能导致主轴不能正常工作。

排除方法:检查离合器线圈供电是否正常;检查供给电源的熔丝是否损坏;检查离合器线圈是否损坏。若有问题,则需更换符合规格的元器件。

故障原因 2:电磁耦合器存在故障。

排除方法:检查电磁耦合器是否存在故障,若有问题,则需更换符合规格的元器件。

故障原因 3:电磁耦合器电压不符合要求;电气线路不正常。

排除方法:检查电磁耦合器电压和电气线路,排除故障。

故障原因 4:PLC 程序编制错误。

排除方法:根据电气原理图和电磁耦合器说明书,重新编制 PLC 程序。

◇故障现象 4:带抱闸线圈的主轴不转

故障原因 1:主轴频繁启停,使制动也频繁启停,导致控制制动的交流接触器损坏,制动线圈一直通电,抱死主轴电动机,致使主轴无法转动。

排除方法:更换控制抱闸的交流接触器。

故障原因 2:电磁抱闸本身有故障。

排除方法:检查电磁抱闸,排除故障。

故障原因 3:电磁抱闸电压不符,电气线路不正常。

排除方法:检查电磁抱闸电压和电气线路,排除故障。

故障原因 4:PLC 程序编制错误。

排除方法:根据电气原理图以及电磁抱闸说明,重新编制 PLC 程序。

◇故障现象 5:主轴转速不受控

故障原因 1:主轴驱动装置与系统或电动机连接错误。

排除方法：根据电气原理图或说明书，检查线路，确保线路连接正确，不存在断路、短路或接触不良。确认主轴系统有否无级调速，挡位是否正确。

故障原因2：主轴装置或数控系统参数未设置好。

排除方法：正确设置主轴装置或数控系统参数。

故障原因3：PLC程序编制错误或编程不当。

排除方法：修改或者重新编制PLC程序。

故障原因4：存在干扰。

排除方法：采取抗干扰措施。

故障原因5：系统存在硬件或软件故障。

排除方法：检查系统硬件和软件，视故障情况予以修复或更换。

◇故障现象6：主轴无制动

故障原因1：制动电路异常或强电元器件损坏。

排除方法：检查桥堆、空气开关或熔断器、交流接触器是否损坏；检查强电回路是否断路。

故障原因2：制动时间不够长。

排除方法：调整系统或主轴驱动装置的制动时间参数。

故障原因3：系统无制动信号输出。

排除方法：用万用表检测系统信号输出端，若无制动信号输出，则需更换相应板卡或送厂维修。

故障原因4：主轴装置或数控系统参数未设置好。

排除方法：根据主轴驱动装置和HNC-8系列数控系统说明书，检查并设置相关参数。

故障原因5：PLC程序编制错误。

排除方法：根据电气原理图以及电磁抱闸控制说明，重新编制PLC程序。

◇故障现象7：主轴启动后立即停止

故障原因1：主轴驱动装置处于不受数控系统控制状态。

排除方法：检查并正确设置相关参数。

故障原因 2：主轴线路的控制元器件损坏。

排除方法：检查电路上的各触点接触是否良好，检查直流继电器、交流接触器是否损坏，造成触头不自锁。

故障原因 3：主轴电动机短路，造成热继电器启动保护功能。

排除方法：检查电动机是否工作正常，若损坏则予以更换；检查线路，解决造成电动机短路的问题。

故障原因 4：主轴驱动装置报警。

排除方法：根据主轴驱动装置说明书消除警报。

故障原因 5：PLC 程序编制错误。

排除方法：根据电气原理图以及说明书，重新编制 PLC 程序。

◇故障现象 8：主轴转动不能停止

故障原因 1：交流接触器或直流继电器损坏，长时间吸合，无法控制。

排除方法：检查交流接触器或直流继电器，若损坏则予以更换。

故障原因 2：PLC 程序编制错误。

排除方法：根据电气原理图以及说明书，重新编制 PLC 程序。

◇故障现象 9：系统一上电，主轴立即转动

故障原因 1：主轴驱动装置处于不受数控系统控制状态。

排除方法：检查并正确设置相关参数。

故障原因 2：数控系统参数未设置好。

排除方法：检查并正确设置相关参数。

故障原因 3：主轴线路连接不正确。

排除方法：检查并正确连接主轴线路。

故障原因 4：PLC 程序编制错误。

排除方法：根据电气原理图以及说明书，重新编制 PLC 程序。

◇故障现象10:主轴定向停的位置不准确

故障原因1:机械连接与传动存在问题。

排除方法:如果使用的是主轴电动机自带的编码器(第一编码器),则检查确定主轴电动机与主轴之间是否采用1∶1的机械连接传动比可靠连接;如果主轴电动机与主轴之间的机械连接传动比非1∶1,则需要在主轴上增加第二编码器,系统使用第二编码器进行定向,且需确定编码器机械连接是否可靠。

故障原因2:主轴驱动装置或数控系统参数未设置好。

排除方法:正确设置主轴驱动装置或数控系统参数。

故障原因3:反馈电缆不可靠,如线径不合理、未采用双绞屏蔽、接地不良及存在干扰等。

排除方法:检查反馈电缆,消除故障原因。

故障原因4:伺服驱动器使能与定向指令时序不正确。

排除方法:检查伺服驱动器及PLC程序。

故障原因5:驱动器或电动机损坏。

排除方法:检查驱动器和电动机,若损坏则予以维修或更换。

◇故障现象11:主轴不能定向停

故障原因1:主轴编码器零位脉冲捕捉不到。

排除方法:检查主轴编码器以及电气连线、插头插座是否接触不良,是否有断路或短路;检查驱动器参数设置是否正确。

故障原因2:伺服驱动器未上使能或未定向。

排除方法:检查伺服驱动器、外围线路及PLC程序。

故障原因3:伺服驱动器使能与定向指令时序不正确。

排除方法:检查伺服驱动器及PLC程序。

故障原因4:定向完成的范围参数设置太小。

排除方法:加大该范围参数。

故障原因5:定向速度为零。

排除方法:设置合适的伺服驱动器定向速度。

故障原因 6:PLC 程序编制错误或遗漏。

排除方法:修改或重新编制 PLC 程序。

故障原因 7:驱动器或电动机损坏。

排除方法:检查驱动器和电动机,若损坏则予以维修或更换。

故障原因 8:系统硬件存在故障。

排除方法:检查系统硬件,消除故障。

第4章 华中数控伺服电动机类常见故障

◇故障现象 1:电动机轴输出扭矩很小

故障原因 1:三相输入电压低,高速时出力不足。

排除方法:检查三相电源输入电压大小是否合适,若偏低则更换电源。

故障原因 2:伺服电动机输出转矩电流限制值设定不当(偏低)。

排除方法:加大伺服电动机输出转矩电流限制值。

故障原因 3:伺服电动机的转子磁场位置与检测编码器安装位置错误或不良。

排除方法:调整伺服电动机的转子磁场位置与检测编码器安装位置。

故障原因 4:电动机永磁体转子退磁。高温和电动机定子大电流均可造成转子退磁。

排除方法:在伺服电动机不通电的情况下,用手或其他设备转动电动机轴快速旋转,测试电动机定子 U、V、W 间的电压,若电压低而且电动机发热较厉害,则说明转子已退磁,送电动机生产厂家充磁或更换电动机。

故障原因 5:电动机没有可靠接地。

排除方法:检查线路,使电动机可靠接地。

故障原因 6:伺服驱动器特性太软。

排除方法:调整伺服驱动器特性参数,使其特性变硬。

故障原因 7:伺服电动机编码器损坏。

排除方法:检查伺服电动机编码器,若损坏则予以更换。

◇故障现象 2:电动机爬行

故障原因 1:进给传动链的润滑状态不良。

排除方法:检查进给传动链的润滑状态,适当添加润滑油。

故障原因 2:伺服驱动器特性参数值设置过小。

排除方法:加大伺服驱动器特性参数。

故障原因 3:外加负载过大。

排除方法:减小外加负载。

故障原因 4:联轴器有裂纹或松动。

排除方法:检查联轴器,若有裂纹则予以更换,若松动则予以紧固。

故障原因 5:伺服驱动器或电动机选型错误。

排除方法:更换合适的伺服驱动器或电动机。

故障原因 6:电动机没有可靠接地。

排除方法:检查线路,使电动机可靠接地。

◇故障现象 3:电动机运转时跳动

故障原因 1:传动环节间隙过大。

排除方法:检查传动链,减小传动间隙。

故障原因 2:电动机负载过大。

排除方法:检查机械设备,降低负载。

故障原因 3:伺服电动机或速度位置检测部件不良。

排除方法:检查伺服电动机和速度位置检测部件,视实际情况予以修复或更换。

故障原因 4:接地、屏蔽不良,存在外部干扰。

排除方法:采取抗干扰措施,检查接地与屏蔽措施是否到位。

故障原因 5:驱动器的参数设定和调整不当。

排除方法:合理设置驱动器参数。

故障原因 6:动力电缆相序不正确。

排除方法:调整动力电缆相序。

◇故障现象4:电动机不运转

故障原因1:伺服驱动器未上强电。

排除方法:检查线路及PLC控制设备。

故障原因2:电动机负载过大。

排除方法:检查机械设备,降低负载。

故障原因3:伺服电动机或速度位置检测部件不良。

排除方法:检查伺服电动机和速度位置检测部件,视实际情况予以修复或更换。

故障原因4:电动机动力电缆不良。

排除方法:检查电动机动力电缆。

故障原因5:伺服驱动器未上使能。

排除方法:检查伺服驱动器及其相关参数、外围线路。

故障原因6:伺服驱动器设定不当。

排除方法:合理设置伺服驱动器参数。

故障原因7:系统参数设定不当。

排除方法:合理设置系统参数。

故障原因8:机床被锁住。

排除方法:解除机床锁住状态。

故障原因9:抱闸电动机的闸未打开。

排除方法:检查机床抱闸电动机的闸、控制线路及相关的PLC程序。

故障原因10:PLC程序编制不当。

排除方法:按照抱闸电动机抱闸时序要求,修改PLC程序。

故障原因11:硬件或总线故障。

排除方法:检查硬件及总线,更换总线或相关硬件。

故障原因12:电动机损坏。

排除方法:检查电动机,若损坏则予以更换。

◇故障现象5:伺服电动机存在缓慢转动零漂

故障原因1:位置反馈的极性错误。

排除方法:检查位置反馈的极性,修正错误。

故障原因2:外力使坐标轴产生了位置偏移。

排除方法:检查并消除使坐标轴产生位置偏移的外力。

故障原因3:驱动器、伺服电动机或系统位置检测回路不良。

排除方法:检查驱动器、伺服电动机及相关线缆,视实际情况予以修复或更换。

故障原因4:伺服驱动器参数设定不当。

排除方法:合理设置伺服驱动器参数。

故障原因5:轴受到干扰。

排除方法:采取抗干扰措施,消除干扰。

故障原因6:伺服电动机没有可靠接地。

排除方法:将伺服电动机可靠接地。

◇故障现象6:伺服电动机静止时抖动

故障原因1:位置反馈电缆未接好。

排除方法:牢固可靠地连接位置反馈电缆。

故障原因2:位置检测编码器工作不正常。

排除方法:检查位置检测编码器和伺服电动机,若损坏则进行维修或更换。

故障原因3:伺服电动机特性调得太硬。

排除方法:检查伺服单元有关增益调节的参数,仔细调整参数(可以适当减小速度环比例增益和速度环积分时间常数)。

故障原因4:伺服驱动器或电动机选型不当。

排除方法:根据实际机械,合理选择伺服驱动器和电动机。

◇故障现象7:接通伺服驱动器动力电源时立即出现报警

故障原因1:电动机动力电缆相序不正确。

排除方法:调整电动机动力电缆相序。

故障原因2:动力电缆与反馈电缆未一一对应。

排除方法:重新连接伺服驱动器和电动机的动力电缆与反馈电缆,使其一一对应。

故障原因3:伺服驱动器参数设置不当。

排除方法:合理设置伺服驱动器参数。

故障原因4:位置反馈不良。

排除方法:更换电动机或码盘电缆。

故障原因5:编码器零点错误。

排除方法:更换伺服电动机,调整编码器零点。

故障原因6:驱动器或电动机损坏。

排除方法:检查驱动器和电动机,若损坏则予以维修或更换。

◇故障现象8:伺服电动机抱闸无法打开或不稳定

故障原因1:没有配重平衡装置,或者配重平衡装置失效、工作不可靠。

排除方法:采用可靠的配重平衡装置。

故障原因2:上电时升降轴电动机抱闸打开太早。

排除方法:检查PLC程序,确保接通升降电动机的驱动器的伺服使能有效,电动机轴上有力,才能打开抱闸。

故障原因3:断电时,抱闸关闭太慢或伺服电动机在闸还未抱住时就失电无力。

排除方法:按照抱闸电动机抱闸时序,检查并修改PLC程序,检查抱闸控制线路。

故障原因4:抱闸电源是脉动直流,使得抱闸装置不能可靠工作。

排除方法:使用稳定可靠的直流电源。

故障原因 5:抱闸装置不良或控制回路不良。

排除方法:检查抱闸装置和控制回路,或更换抱闸电动机。

故障原因 6:无抱闸输出信号。

排除方法:检查抱闸电源、控制线路及 PLC 程序。

故障原因 7:系统硬件存在故障。

排除方法:检查系统硬件,消除故障。

故障原因 8:PLC 程序编制错误或遗漏。

排除方法:修改或重新编制 PLC 程序。

◇故障现象 9:打开急停开关后升降轴自动下滑

故障原因 1:参数设置不当。

排除方法:检查 PLC 时序延时参数,进行正确设置。

故障原因 2:机械配重平衡装置失效或工作不可靠。

排除方法:采用可靠的配重平衡装置。

故障原因 3:伺服电动机抱闸机构损坏。

排除方法:更换抱闸电动机。

故障原因 4:上电时升降轴电动机抱闸打开太早。

排除方法:检查 PLC 程序,确保接通升降电动机的驱动器的伺服使能有效,电动机轴上有力时,才能打开抱闸。

故障原因 5:断电时,抱闸关闭太慢或伺服电动机在闸还未抱住时就已失电无力。

排除方法:按照抱闸电动机抱闸时序,检查并修改 PLC 程序,检查抱闸控制线路。

◇故障现象 10:电动机只能运行一小段距离

故障原因 1:电动机反馈电缆与动力电缆未一一对应。

排除方法:重新连接伺服驱动器和电动机的动力电缆与反馈电缆,使其一一对应。

故障原因2:动力电缆相序不正确。

排除方法:调整电动机动力电缆相序。

故障原因3:电缆接触不良。

排除方法:牢固可靠地连接电缆。

故障原因4:驱动器参数设置不当或错误。

排除方法:合理设置驱动器参数。

故障原因5:伺服驱动器或电动机选型错误。

排除方法:根据实际机械,合理选择伺服驱动器或电动机。

故障原因6:伺服驱动器或电动机损坏。

排除方法:检查伺服驱动器和电动机,若损坏则予以更换。

故障原因7:系统硬件存在故障。

排除方法:检查系统硬件,消除故障。

故障原因8:机械负载过大或存在机械卡阻。

排除方法:检查机械,使负载正常或消除造成机械卡阻的原因。

◇故障现象11:进给轴在低速下运行正常,在高速下抖动或报警

故障原因1:电动机编码器损坏。

排除方法:检查电动机编码器,若损坏则予以更换。

故障原因2:电动机与驱动器适配错误。

排除方法:根据实际机械,合理选择伺服驱动器或电动机。

故障原因3:驱动器参数设置不当。

排除方法:合理设置驱动器参数。

◇故障现象12:开机第一次移动进给轴时出现跟踪误差过大或定位误差过大报警,如果第一次移动进给轴时未报警,则中间使用过程中一直正常

故障原因1:电动机编码器损坏。

排除方法:更换电动机。

故障原因 2:电动机与驱动器适配错误。

排除方法:根据实际机械,合理选择伺服驱动器或电动机。

故障原因 3:驱动器参数设置不当。

排除方法:合理设置驱动器参数。

故障原因 4:系统存在硬件故障或软件损坏。

排除方法:检查系统硬件和软件,消除故障。

第5章 华中数控伺服驱动器类常见故障

◇故障现象1:驱动器报警

报警代码:1

报警名称:主电路欠压

故障原因:①驱动单元三相强电接触不良;②电源容量不够,主电路电源电压过低。

排除方法:检查电源。若在开机时出现主电路欠压,可能是因为电路板或者软启动电路出现了故障,也可能是整流桥损坏。此时需要先更换伺服驱动器再进行调试。

报警代码:2

报警名称:主电路过压

故障原因1:驱动单元内制动电阻损坏或制动回路容量不够。

排除方法:更换新的制动电阻。

故障原因2:外接制动电阻规格、接线不正确。

排除方法:更换规格适当的制动电阻,并正确接线。

故障原因3:主电路电源电压过高。

排除方法:降低起停频率;增加加/减速时间常数;减小转矩限制值;更换更大功率的伺服驱动器和电动机。

报警代码:3

报警名称:IPM模块故障

故障原因 1:驱动单元散热不正常。

排除方法:检查驱动器风扇能否正常工作;检查驱动器安装是否正确。

故障原因 2:系统负载过大。

排除方法:检查机械设备,降低负载。

故障原因 3:PA5、PA25 和 PA26 号参数设置不合适。

排除方法:参考驱动单元使用说明书调整参数。

报警代码:4

报警名称:制动故障

故障原因 1:驱动单元内置制动电阻损坏。

排除方法:更换新的制动电阻。

故障原因 2:外接制动电阻规格、接线不正确。

排除方法:更换规格适当的制动电阻,并正确接线。

故障原因 3:制动回路容量不够。

排除方法:更换伺服驱动器。

故障原因 4:主电路电压过高。

排除方法:检查供电电压,降低主电路电压。

报警代码:6

报警名称:电动机过热

故障原因 1:电动机温度过高。

排除方法:将 STA-12 设置为 1,屏蔽此警报。

故障原因 2:电动机轴连接负载过大。

排除方法:检查机械设备,降低负载。

故障原因 3:电动机动力电源故障。

排除方法:检查电动机动力电源,若损坏则予以更换。

报警代码:7

报警名称:编码器数据信号错误

故障原因 1:编码器电缆连接不可靠。

排除方法:检查编码器电缆连接情况,确保连接可靠。

故障原因 2:编码器线太长。

排除方法:采用短一些的编码器线。

报警代码:8

报警名称:编码器类型错误

故障原因 1:编码器电缆未连接。

排除方法:接好编码器电缆。

故障原因 2:编码器类型选择参数(PA25 号参数)设置不正确。

排除方法:按说明书设置好编码器类型选择参数(PA25 号参数)。

报警代码:9

报警名称:系统软件过热

故障原因 1:电动机发生堵转。

排除方法:检查机械是否存在卡阻现象。

故障原因 2:电动机动力线相序错误。

排除方法:检查电动机动力线连接情况,按说明书正确接线。

故障原因 3:电动机动力线连接不牢固。

排除方法:检查电动机动力线连接情况,确保接线牢固。

报警代码:10

报警名称:过电流

故障原因 1:电动机发生堵转。

排除方法:检查机械是否存在卡阻现象。

故障原因 2:PA5、PA18、P19 号参数设置错误。

排除方法:按照参数说明书正确设置参数。

故障原因 3:PA26 号参数设置错误。

排除方法:按照参数说明书正确设置参数。

故障原因 4:驱动单元负载过大。

排除方法:检查机械设备,降低负载。

报警代码:11

报警名称:电动机超速

故障原因 1:最高速度限制参数(PA17 号参数)设置错误。

排除方法:按照参数说明书正确设置参数。

故障原因 2:编码器反馈信号不正确。

排除方法:检查电动机编码器及线缆。

报警代码:12

报警名称:跟踪误差过大

故障原因 1:编码器信号不正常。

排除方法:检查电动机编码器及线缆。

故障原因 2:PA12 号参数设置错误。

排除方法:按照参数说明书正确设置参数。

故障原因 3:运行参数(如 PA27、PA2 号参数)设置不合适。

排除方法:按照参数说明书正确设置参数。

报警代码:13

报警名称:电动机过热时间过长

故障原因:PA18、PA19 号参数设置错误。

排除方法:按照参数说明书正确设置参数。

报警代码:14

报警名称:控制参数错误

故障原因:参数保存错误。

排除方法:按照说明书操作。

报警代码:15

报警名称:指令超频

故障原因 1:给定指令频率超过 PA17 号参数所对应的频率值。

排除方法:根据电子齿轮比及最高移动速度,计算频率并进行正确设置。

故障原因 2:PA23 号参数设置不合适。

排除方法:按照参数说明书正确设置参数。

故障原因 3:系统电子齿轮比、编码器类型或工作模式设置错误。

排除方法:按照参数说明书正确设置参数。

报警代码:16

报警名称:控制板硬件故障

故障原因:DSP(数字信号处理)芯片与 FPGA(可编程逻辑阵列)芯片通信出现故障。

排除方法:更换驱动器。

报警代码:17

报警名称:驱动器过热

故障原因:驱动单元温度超过设定值。

排除方法:更换驱动器或进行电气控制柜散热;降低负载。

报警代码:19

故障原因:A/D 转换故障

故障原因 1:A/D 转换数据通信受到干扰。

排除方法:增加线路滤波器;远离干扰源。

故障原因 2:电流传感器出现故障。

排除方法:先更换电流传感器再进行调试。

报警代码:22

报警名称:系统自识别调整错误

故障原因 1:惯量识别错误。

排除方法:更换伺服驱动器。

故障原因 2:运行参数设置错误,尤其是 PA18 号参数设置错误易导致此故障。

排除方法:检查运行参数,特别是 PA18 号参数,按参数说明书进行正确设置。

故障原因 3:系统惯量与电动机力矩不匹配。

排除方法:检查系统惯量与电动机力矩是否匹配,如不匹配,则更换合适的电动机。

报警代码:23

报警名称:NCUC 数据帧校验错误

故障原因:总线通信出现问题。

排除方法:远离干扰源;检查总线连接是否可靠。

报警代码:24

报警名称:NCUC 数据丢包错误

故障原因:总线通信断开或不正常。

排除方法:远离干扰源;检查总线连接是否可靠;检查 PA23 号参数设置是否正确。

报警代码:25

报警名称:NCUC 通信链路断开错误

故障原因:总线通信断开或不正常。

排除方法:复位驱动单元或系统。

报警代码:26

报警名称:电动机编码器信号通信故障(此警报只有在适配 ENDAT 协议编码器或多摩川绝对式编码器时才可能报出)

故障原因 1:电动机编码器与驱动器编码器类型不一致,或 PA25 号参数设置与所用编码器不一致。

排除方法:检查电动机编码器与驱动器编码器类型是否一致,检查 PA25 号参数设置与所用编码器是否一致。

故障原因 2:编码器线缆未正常连接。

排除方法:检查编码器接线。

故障原因 3:编码器损坏。

排除方法:检查编码器是否损坏,若损坏则更换新的编码器。

报警代码:29

报警名称:电动机与驱动器匹配错误

故障原因:PA43 号参数设置与所使用的驱动单元及电动机不相匹配。

排除方法:按照参数说明书正确设置参数。

报警代码:30

报警名称:力矩电动机设置错误

故障原因:力矩电动机反馈元件设置不合适。

排除方法:重新设置相关参数,如 PB43 号参数(电动机额定转速)。

报警代码:34、35

报警名称:编码器电池电压低警告

故障原因:电池电压低,或未安装电池。

排除方法:更换或者安装电池。若在驱动器断电重启时报警,更换电池后,编码器多圈位置数据会丢失,数控系统对应轴的编码器反馈偏置量参数必须重新进行设置。确认编码器反馈电缆接线正确,连接牢固。

◇故障现象 2:驱动器出现其他报警

故障原因 1:驱动器损坏。

排除方法:更换新的驱动器。

故障原因 2:机械丝杠过紧导致机械卡死,使电动机负载过大发热而导致驱动器报警。

排除方法:机械过紧时,可通过调整丝杠或其机械部件处理;负载过大,则需检查切削量或进给速度是否过大,若过大则需要改善工艺,或者更换可输出更大负载的电动机或驱动器。

故障原因 3:电动机插头、插座进水进油受潮,导致接口烧毁等;电动机绝缘性能损坏造成驱动器功放级短路;电动机损坏。

排除方法:检查接口及电动机,若损坏则予以更换。

故障原因4:伺服驱动器未工作。

排除方法:检查驱动器及外围电路。

◇故障现象3:驱动器有时报警,有时能正常工作

故障原因1:负载处于所配驱动器临界点附近。

排除方法:根据实际机械,合理选择伺服驱动器或电动机。

故障原因2:机械润滑不良。

排除方法:检查机械润滑情况及润滑油位,更换润滑油或适当加油。

故障原因3:电动机反馈编码器线缆、插头不良。

排除方法:检查电动机反馈编码器线缆、插头,若损坏则予以更换。

故障原因4:电动机动力线缆、插头不良。

排除方法:检查电动机动力线缆、插头,若损坏则予以更换。

故障原因5:驱动器或信号受干扰。

排除方法:采取抗干扰措施。

◇故障现象4:加工过程中,多轴驱动器同时报警

故障原因1:驱动器接地不良或外部供电电压偏高,而驱动器使用的是同一回路的电源,一个驱动器报警干扰其他几个驱动器同时报警。

排除方法:采取抗干扰措施;各驱动器分开供电。

故障原因2:驱动器受干扰或系统急停受干扰。

排除方法:采取抗干扰措施。

第6章 华中数控系统加工类常见故障

6.1 按产生故障的元器件分类

按产生故障的元器件分类，华中数控系统加工类常见故障可以分为三种。

◇故障类型 1：由数控系统引起的加工故障

故障原因 1：系统参数设置不合理。

排除方法：检查快速速度是否过大、加速时间是否过长，主轴转速、切削速度是否合理；是否因为操作者的参数修改导致系统性能改变。

故障原因 2：工作电压不稳定。

排除方法：加装稳压设备。

故障原因 3：数控系统受外部干扰，导致数控系统指令脉冲丢失或失步。

排除方法：检查接地线并确定其已可靠接地；在驱动器脉冲输出触点处加抗干扰吸收电容。

故障原因 4：数控系统与驱动器之间信号传输不正确。

排除方法：检查数控系统与驱动器之间的信号连接线是否带屏蔽设备，连接是否可靠；检查数控系统脉冲发生信号是否丢失或增加。

故障原因 5：系统损坏或存在内部故障。

排除方法：更换或者修复数控系统。

◇故障类型 2:由驱动器引起的加工问题

故障原因 1:驱动器接收的信号丢失,造成驱动器失步。

排除方法:对伺服驱动器通过驱动器上的脉冲数显示或是打百分表进行检查;更换驱动器或线缆。

故障原因 2:伺服驱动器的参数设置不当,增益设置不合理。

排除方法:合理设置驱动器参数。

故障原因 3:驱动器本身产生信号干扰导致失步。

排除方法:采取抗干扰措施。

故障原因 4:驱动器处于高温环境,没有采取较好的散热措施,导致尺寸不稳定,同时也可能导致驱动内部器参数变化,引发故障。

排除方法:对电气控制柜进行强制散热。

故障原因 5:机床选配伺服电动机或驱动器不当。

排除方法:根据实际机械,合理选择伺服驱动器和电动机。

故障原因 6:驱动器与电动机配合不当。

排除方法:根据实际机械合理选择伺服驱动器和电动机。

故障原因 7:驱动器出现了故障或已损坏。

排除方法:更换驱动器。

◇故障类型 3:由机械方面引起的加工问题

故障原因 1:伺服电动机插头进水造成绝缘性能下降,电动机损坏。

排除方法:检查电动机,若损坏则予以维修或更换。

故障原因 2:进刀量设置不合理,或工件装夹不当。

排除方法:检查进刀量是否过大或过快,造成过载;检查工件装夹,工件不应伸出卡盘太长,避免让刀。

故障原因 3:主轴存在径向跳动。

排除方法:检查主轴的跳动,检修主轴,更换轴承。

故障原因 4:丝杠反向间隙过大。

排除方法:用百分表检查丝杠的反向间隙,确认数控系统反向间隙补偿是否正确。

故障原因5:机械丝杠安装过紧。

排除方法:检查丝杠是否存在爬行现象,响应是否较慢。

6.2　按产生故障的现象分类

◇故障现象1:工件尺寸与实际尺寸只相差几十微米

故障原因1:机床在长期使用中摩擦、磨损,丝杠的间隙随之增大,机床的丝杠反向间隙过大使加工过程的尺寸漂浮不定,故工件的误差总在这一间隙范围内变化。

排除方法:机床磨损、丝杠间隙变大后通过调整丝杠螺母和修紧中拖板镶条来减小间隙,或利用百分表得出间隙值并输入数控系统,使工件尺寸符合要求。

故障原因2:加工工件使用的刀具选型不对,易损,刀具装夹不正或不紧等。

排除方法:根据工艺合理选择刀具并正确、牢固装夹。

故障原因3:存在工艺方面的问题。

排除方法:根据工件材料选择合理的主轴转速、切削进给速度和切削量。

故障原因4:机床放置的平衡度和稳固性有问题。

排除方法:检查机床放置是否平稳。

故障原因5:数控系统产生失步,或驱动器功率不够、扭矩小等。

排除方法:根据实际机械,合理选择伺服驱动器或电动机。

故障原因6:刀架换刀后未锁住或未锁紧。

排除方法:检查刀架是否锁好。

故障原因7:主轴存在跳动、串动和尾座同轴度差等现象。

排除方法:检查并修复机械。

◇故障现象2:工件尺寸与实际尺寸相差几毫米

故障原因1:快速定位的速度太快,驱动器和电动机反应不过来而产生误差。

排除方法:根据实际机械及电动机转速计算最高移动速度,并合理进行设置。

故障原因 2:在长期摩擦磨损后,机械的拖板丝杠和轴承连接过紧而导致卡死。

排除方法:检查并修复机械。

故障原因 3:刀架换刀后未锁紧。

排除方法:检查并锁紧刀架。

故障原因 4:加工程序编制错误。

排除方法:检查并修改编制的加工程序。

故障原因 5:数控系统电子齿轮比设置不当。

排除方法:根据实际机械,正确计算和设置电子齿轮比。

◇故障现象 3:加工螺纹时有乱扣现象

故障原因 1:参数设置不合理。

排除方法:合理设置参数。

故障原因 2:数控系统或驱动器失步。

排除方法:检查数控系统和驱动器,若损坏则予以修复或更换。

故障原因 3:数控系统内编码器线型参数与编码器不匹配。

排除方法:正确合理设置参数。

故障原因 4:主轴转速与螺距的乘积超出上限。

排除方法:降低主轴转速或减小螺距。

故障原因 5:操作方式不对或编程格式不正确。

排除方法:按照操作说明书和编程说明书正确进行操作和编程。

故障原因 6:存在机械故障或电动机出现问题。

排除方法:检查机械和电动机,修复机械或更换电动机。

故障原因 7:主轴编码器信号受到干扰。

排除方法:采取抗干扰措施。

故障原因 8:主轴转速不稳定。

排除方法:采取抗干扰措施;检查并修复主轴箱。

故障原因 9:工件材料与所用刀具不匹配。

排除方法:按照工艺要求选择合适的刀具。

故障原因 10:螺纹开始部分未预留空程或结束部分未预留退尾量。

排除方法:按照编程说明书要求编制程序。

故障原因 11:主轴编码器与主轴之间的机械连接传动比不是 1∶1。

排除方法:将主轴编码器与主轴之间的机械连接传动比设置为 1∶1。

故障原因 12:系统出现了硬件故障或软件损坏。

排除方法:修复或更换硬件或系统软件。

◇故障现象 4:攻螺纹不能执行

故障原因 1:主轴没有安装编码器。

排除方法:安装主轴编码器。

故障原因 2:主轴编码器损坏。

排除方法:检查主轴编码器,若损坏则予以更换。

故障原因 3:主轴编码器与数控系统连接线错误或接触不良。

排除方法:按照数控系统连接说明书牢固可靠接线。

故障原因 4:数控系统内部的主轴编码器接收信号电路出现故障。

排除方法:更换数控系统。

故障原因 5:主轴编码器机械连接不良。

排除方法:修复机械连接。

故障原因 6:主轴旋转方向与主轴编码器反馈不一致。

排除方法:正确接入主轴编码器;正确设置主轴编码器参数。

◇故障现象 5:采用小线段加工时有停顿现象

故障原因 1:未用小线段连续加工指令。

排除方法:按照编程说明书要求进行编程。

故障原因 2:分割的小线段长度太短。

排除方法:按照编程说明书要求进行编程。

故障原因 3:加、减速时间以及捷度设置不当。

排除方法:合理设置加、减速时间以及捷度参数。

故障原因 4:定位允差设置不当。

排除方法:合理设置定位允差。

故障原因 5:小线段加工参数设置不当。

排除方法:按照编程说明书要求进行编程。

◇故障现象 6:工件产生锥度

故障原因 1:机床一高一低,放置不平稳。

排除方法:重新调整机床至水平放置。

故障原因 2:车削长轴时,工件材料比较硬,刀具吃刀比较深,造成让刀现象。

排除方法:合理选择加工工艺及方式。

故障原因 3:尾座顶尖与主轴不同心。

排除方法:重新调整车床母线。

◇故障现象 7:加工圆或圆弧时 45°方向上超差

故障原因 1:各轴的位置响应延时特性偏差过大。

排除方法:调整各轴的增益来改善各轴的运动性能,使每个轴的运动特性比较接近。

故障原因 2:机械传动副之间的间隙过大或者间隙补偿不当。

排除方法:检查传动间隙,若过大则减小传动间隙;重新进行间隙补偿设置。

故障原因 3:两联动轴间机械几何精度超差。

排除方法:调整机械,使两联动轴间机械几何精度符合机械要求。

◇故障现象 8:工件尺寸准确,表面粗糙度大

故障原因 1:刀具刀尖受损,不锋利。

排除方法:更换刀具或磨削刀具。

故障原因 2:机床产生共振,放置不平稳。

排除方法:重新调整机床至水平放置。

故障原因 3:机械有爬行现象。

排除方法:修复机械。

故障原因 4:加工工艺不好。

排除方法:根据要求重新制定加工工艺。

故障原因 5:数控系统参数设置不当。

排除方法:合理设置系统参数。

故障原因 6:加工程序编制不合适。

排除方法:根据加工工艺调整加工程序。

故障原因 7:主轴存在径向跳动。

排除方法:检查主轴箱并修复机械。

故障原因 8:驱动器参数设置不当。

排除方法:按照参数说明书正确设置驱动器参数。

◇故障现象 9:加工内、外圆的时候出现椭圆

故障原因 1:机床未调整好而造成轴的定位精度不好。

排除方法:重新调整测量定位精度及圆度。

故障原因 2:机床的反向间隙补偿设置不当。

排除方法:重新进行反向间隙补偿。

◇故障现象 10:车床车外圆或内孔时出现台阶

故障原因 1:机床的反向间隙补偿设置不当。

排除方法:重新进行反向间隙补偿设置。

故障原因 2:轴机械连接不良。

排除方法:调整机械,使轴连接牢固。

故障原因 3:丝杠磨损。

排除方法:更换丝杠。

故障原因 4:数控系统或驱动器参数设置不当,电气刚度不够。

排除方法:合理调整参数,调整电气刚度。

故障原因 5:数控系统或驱动器受到干扰。

排除方法:采取抗干扰措施。

◇故障现象 11:车床加工中轴未移动到位即开始换刀,造成打刀

故障原因 1:坐标轴超程报警但系统未停止运行。

排除方法:调整和修改 PLC 或系统软件设置。

故障原因 2:系统出现软件故障。

排除方法:修复或更换系统软件。

故障原因 3:加工程序编制不当。

排除方法:按照编程说明书和加工工艺要求,修改或重新正确编制加工程序。

第7章 数控机床机械部件故障诊断

7.1 主传动系统故障

◇故障现象1:主轴发热

故障原因1:轴承损伤或不清洁。

排除方法:更换轴承或清洁轴承。

故障原因2:轴承油脂耗尽或油脂过多。

排除方法:检查油脂使用情况,适当增减油脂。

故障原因3:轴承间隙过小。

排除方法:加大轴承间隙。

◇故障现象2:主轴强力切削时停转

故障原因1:电动机与主轴间的传动带过松。

排除方法:调整传动带松紧程序。

故障原因2:传动带表面有油。

排除方法:清洁传动带。

故障原因3:离合器松动。

排除方法:调整离合器,使其连接紧固。

◇故障现象 3:润滑油泄漏

故障原因 1:润滑油过量。

排除方法:减少润滑油用量。

故障原因 2:密封件损伤或失效。

排除方法:更换密封件。

故障原因 3:管件损坏。

排除方法:更换管件。

◇故障现象 4:主轴有噪声(振动)

故障原因 1:缺少润滑。

排除方法:适量使用润滑油。

故障原因 2:带轮动平衡不佳。

排除方法:进行带轮动平衡。

故障原因 3:带轮过紧。

排除方法:调整带轮松紧程度。

故障原因 4:齿轮磨损或啮合间隙过大。

排除方法:更换齿轮或调整齿轮啮合间隙。

故障原因 5:轴承损坏。

排除方法:更换轴承。

◇故障现象 5:主轴没油或润滑不足

故障原因 1:油泵转向不正确。

排除方法:检查并调整油泵转向。

故障原因 2:油管或滤油器堵塞。

排除方法:清洗或更换油管或滤油器。

故障原因3:油压不足。

排除方法:检查并调整油压。

◇故障现象6:刀具不能夹紧

故障原因1:碟形弹簧位移量太小。

排除方法:调整碟形弹簧。

故障原因2:刀具松夹弹簧上的螺母松动。

排除方法:调整并紧固刀具松夹弹簧上的螺母。

◇故障现象7:刀具夹紧后不能松开

故障原因1:刀具松夹弹簧压合过紧。

排除方法:调整刀具松夹弹簧。

故障原因2:液(气)压缸压力和行程不够。

排除方法:调整液(气)压缸压力和行程。

7.2 进给系统故障

◇故障现象1:噪声大

故障原因1:丝杠支承轴承损坏或压盖压合不好。

排除方法:更换轴承或修整压盖。

故障原因2:联轴器松动。

排除方法:调整并紧固联轴器。

故障原因3:润滑不良或丝杠副滚珠有破损。

排除方法:检查润滑情况,确保良好润滑;检查丝杠副滚珠,若有破损则视实际情况更换丝杠或更换滚珠。

◇故障现象 2:丝杠运动不灵活

故障原因 1:轴向预紧力太大。

排除方法:调整轴向预紧力。

故障原因 2:丝杠或螺母轴线与导轨不平行。

排除方法:调整丝杠或螺母轴线与导轨的平行度。

故障原因 3:丝杠弯曲。

排除方法:更换丝杠。

7.3 导轨副故障

◇故障现象 1:导轨研伤

故障原因 1:地基与床身水平度有变化,使局部载荷过大。

排除方法:重新调整机床至水平放置。

故障原因 2:长期加工短工件,造成导轨局部磨损严重。

排除方法:修复磨损部位,尽量避免长期加工短工件。

故障原因 3:导轨润滑不良。

排除方法:检查导轨润滑情况,确保良好润滑。

故障原因 4:导轨材质不佳。

排除方法:对导轨进行修复处理。

故障原因 5:刮研不符合要求。

排除方法:重新进行刮研。

故障原因 6:导轨维护不良,落入脏物。

排除方法:检查导轨防护设施,若防护不当则采取有效的防护措施。

◇故障现象2:导轨上移动部件运动不良或不能移动

故障原因1:导轨面研伤。

排除方法:修复导轨面,调整运动部件。

故障原因2:导轨压板研伤。

排除方法:修复导轨面,调整导轨压板。

故障原因3:镶条与导轨间隙太小。

排除方法:调整镶条与导轨间隙。

◇故障现象3:加工面在接刀处不平

故障原因1:导轨直线度超差。

排除方法:调整导轨直线度。

故障原因2:工作台镶条松动或镶条弯曲度过大。

排除方法:调整工作台镶条或校正镶条弯曲度。

故障原因3:机床水平度差使导轨发生弯曲。

排除方法:重新调整机床至水平放置。

7.4 自动换刀装置故障

◇故障现象1:刀库、刀套不能卡紧刀具

故障原因:刀套上的调整螺母位置不对。

排除方法:调整刀套上的调整螺母位置。

◇故障现象2:刀库不能旋转

故障原因:连接电动机轴与蜗杆轴的联轴器松动。

排除方法:紧固连接电动机轴与蜗杆轴的联轴器。

◇故障现象3:刀具从机械手中脱落

故障原因1:刀具超重。

排除方法:不使用超重刀具。

故障原因2:机械手卡紧销损坏或没有弹出来。

排除方法:检查并调整机械手卡紧销。

◇故障现象4:交换刀具时掉刀

故障原因:换刀时主轴没有回到换刀点。

排除方法:检查和调整换刀点。

◇故障现象5:换刀速度过快或过慢

故障原因:气压太高或太低,节流阀开口太大或太小。

排除方法:调整气路,保证气压稳定。

◇故障现象6:刀库不能转动或转动不到位

故障原因1:连接电动机轴与蜗杆轴的联轴器松动。

排除方法:紧固连接电动机轴与蜗杆轴的联轴器。

故障原因2:变频器发生故障,变频器的输入、输出电压不正常。

排除方法:检查变频器及输入、输出电压。

故障原因3:PLC 无控制输出,可能是接口板或中间继电器失效。

排除方法:检查 PLC 输出板及中间继电器。

故障原因4:刀库机械连接过紧。

排除方法:调整机械连接松紧程度。

故障原因5:电网电压过低。

排除方法:外接三相交流稳压器。

故障原因6:电动机转动存在故障。

排除方法:检查电动机、电动机控制设备及机械连接情况。

故障原因7:传动机构存在误差。

排除方法:调整传动机构。

7.5　液压系统故障

◇故障现象1:压力控制回路中溢流不正常

故障原因1:阀盖开度过大或过小。

排除方法:调整阀盖。

故障原因2:主阀芯与阀体配合滑动面有脏物。

排除方法:将主阀芯与阀体配合滑动面擦干净。

故障原因3:所选液压油黏度过大或过小,或者系统温升造成油液黏度不合适。

排除方法:采用合适黏度的油液,控制系统温升。

◇故障现象2:速度控制回路中速度不稳定

故障原因:节流阀的前后压差过大或过小。

排除方法:调节溢流阀的压力,使节流阀的前后压差达到合理数值。

◇故障现象3:方向控制回路中滑阀没有完全回位

故障原因1:脏物进入滑阀缝隙中而使阀芯移动困难。

排除方法:清洗滑阀并调整滑阀缝隙。

故障原因2:配合间隙过小,以致油温升高时阀芯因膨胀而卡死。

排除方法:调整阀芯配合间隙。

故障原因3:电磁铁推杆的密封圈处阻力过大。

排除方法:调整或更换密封圈。

故障原因4:安装紧固电动阀时操作不当,导致阀孔变形。

排除方法:更换电动阀。

7.6 气动系统故障

◇故障现象1:加工中心打刀机构抓不住刀柄

故障原因:立式加工中心换刀时,主轴锥孔吹气,把含有铁锈的水分子吹出,并附着在主轴锥孔和刀柄上,造成刀柄和主轴接触不良。

排除方法:清洗主轴锥孔。

◇故障现象2:立式加工中心换刀时,主轴松刀动作缓慢

故障原因1:气动系统压力太低或流量不足。

排除方法:调整气压回路。

故障原因2:机床主轴拉刀系统有故障,如碟型弹簧破损等。

排除方法:调整拉刀系统,如碟型弹簧破损则予以。

故障原因3:主轴松刀气缸有故障。

排除方法:调整拉刀气缸或更换气缸。

◇故障现象3:立式加工中心换挡变速时,变速气缸不动作,无法变速

故障原因1:气动系统压力太低或流量不足。

排除方法:调整气压回路。

故障原因2:气动换向阀未得电或换向阀有故障。

排除方法:检查换向阀控制线路或更换换向阀。

故障原因3:变速气缸有故障。

排除方法:检查或更换变速气缸。

7.7 润滑系统故障

◇故障现象1:垂直刀架铣平面时,工件表面粗糙度达不到预定的精度要求

故障原因:垂直进给轴润滑不良。

排除方法:检查润滑回路。

◇故障现象2:集中润滑站的润滑油损耗大,隔一天就要向润滑站加油,切削液中明显混入大量润滑油

故障原因1:丝杠螺母密封圈破损。

排除方法:清洗丝杠螺母,更换密封圈。

故障原因2:润滑时间设置不当。

排除方法:调整润滑时间。

故障原因3:润滑管路漏油或破损。

排除方法:检查润滑管路,更换破损管路。

7.8 自动排屑装置故障

◇故障现象1:电动机过载报警

故障原因1:大量切屑阻塞在排屑口。

排除方法:清理阻塞切屑或使电动机短时反转。

故障原因 2:摩擦片的压紧力不足。

排除方法:调整摩擦片的压紧力。

故障原因 3:切屑在刮板与排屑器体间卡住。

排除方法:检查排屑情况,清除切屑。

◇故障现象 2:自动排屑装置不能运转

故障原因 1:电动机未启动。

排除方法:检查 PLC 及控制线路。

故障原因 2:电动机控制回路存在故障。

排除方法:检查电动机控制线路。

故障原因 3:控制电源缺相或无电源。

排除方法:检查三相电源及控制线路。

故障原因 4:PLC 程序编制错误或遗漏。

排除方法:检查并修改 PLC 程序。

7.9 回转工作台故障

◇故障现象 1:工作台没有抬起动作

故障原因 1:控制系统没有抬起信号输入。

排除方法:检查 PLC 及输出控制线路。

故障原因 2:抬起液压阀卡住,没有动作。

排除方法:检查并调整抬起液压阀。

故障原因 3:液压系统压力不够。

排除方法:调整液压系统压力。

故障原因 4:抬起液压缸研损或密封垫(圈)损坏。

排除方法:更换抬起液压缸或密封垫(圈)。

故障原因 5:与工作台相连接的机械部分研损。

排除方法:检查并修复机械。

◇故障现象2:工作台不转位

故障原因1:工作台抬起或松开完成信号没有发出。

排除方法:检查工作台抬起或松开完成信号及相关线路。

故障原因2:控制系统没有转位信号输入。

排除方法:检查转位信号及相关线路。

故障原因3:与电动机或齿轮相连的胀紧套松动。

排除方法:检查胀紧套,若松动则予以紧固。

故障原因4:液压转台的转位液压缸研损或密封垫(圈)损坏。

排除方法:更换液压转台的转位液压缸或更换密封垫(圈)。

故障原因5:液压转台的转位液压阀卡住,没有动作。

排除方法:清洗并调整液压转台的转位液压阀。

故障原因6:工作台支承面回转轴及轴承等机械部分研损。

排除方法:修复或更换损坏机械部件。

◇故障现象3:工作台转位分度不到位,发生顶齿或错齿

故障原因1:控制系统输入的脉冲数不够。

排除方法:检查系统脉冲当量及线路。

故障原因2:机械传动系统间隙太大。

排除方法:调整机械传动系统间隙。

故障原因3:液压转台的转位液压缸研损,未转到位。

排除方法:更换液压转台的转位液压缸。

故障原因4:转位液压缸前端的缓冲装置失效,死挡铁松动。

排除方法:调整转位液压缸前端的缓冲装置或紧固死挡铁。

故障原因5:控制用圆光栅有污物或裂纹。

排除方法:检查控制用圆光栅,仔细擦净,若有裂纹则予以更换。

◇故障现象4:工作台不夹紧,定位精度差

故障原因1:控制系统没有输入工作台夹紧信号。

排除方法:检查工作台夹紧信号及线路。

故障原因2:夹紧液压阀卡住,没有动作。

排除方法:清洗和调整夹紧液压阀。

故障原因3:液压压力不够。

排除方法:检查并调整液压压力。

故障原因4:与工作台相连接的机械部分研损。

排除方法:修复或更换损坏机械部件。

故障原因5:上、下齿盘受到冲击松动,或两齿牙盘间有污物,影响定位精度。

排除方法:检查上、下齿盘,仔细擦净牙盘接合部位,并紧密连接两齿盘。

故障原因6:控制用圆光栅有污物或裂纹,影响定位精度。

排除方法:检查控制用圆光栅,仔细擦净,若有裂纹则予以更换。

附录 A　HNC-8 系列数控系统参数

HNC-8 系列数控系统 NC 参数、机床用户参数、通道参数、坐标轴参数、误差补偿参数分别如表 A-1 至表 A-5 所示。

表 A-1　HNC-8 系列数控系统 NC 参数

参数号	参数名称	默认值	参数说明
000001	插补周期	1000	CNC 插补器进行一次插补运算的时间间隔，是数控装置重要参数之一。通过调整该参数可以影响加工工件表面精度，插补周期越小，加工出来的零件轮廓平滑度越高，反之越低
000002	PLC2 周期执行语句数	200	HNC-8 系列数控系统采用两级 PLC 模式，即高速 PLC1 模式和低速 PLC2 模式。系统在 PLC1 模式下执行实时性要求相对较高的操作，如模式切换、运行控制等，必须每个扫描周期(即每个插补周期)执行一次；系统在 PLC2 模式下执行实时性要求相对较低的操作，如数控面板指示灯控制等，一个扫描周期(即插补周期)内只执行此参数指定行数的语句
000005	角度计算分辨率	100000	用于设定数控系统角度计算的最小单位。一般只在机床出厂前配置一次，且必须为 10 的倍数。用户以及调试人员不允许随便修改
000006	长度计算分辨率	100000	用于设定数控系统长度计算的最小单位。一般只在机床出厂前配置一次，且必须为 10 的倍数。用户以及调试人员不允许随便修改
000010	圆弧插补轮廓允许误差	0.005	理论圆弧轨迹与实际插补轨迹之间的弓高误差(或称逼近误差)。其大小与插补周期 T、进给速度 F 以及圆弧半径 R 有关，当 R、T 一定时，F 越大，则逼近误差越大
000011	圆弧编程端点半径允许误差	0.1	进行圆弧编程时，圆心到圆弧终点的距离(半径)可能存在微小差别，其最大允许偏差由该参数设定，超过这个偏差值系统将报警

续表

参数号	参数名称	默认值	参数说明
000012	刀具轴选择方式	0	用于设定G43/G44刀具长度补偿功能。 0:刀具长度补偿总是补偿到Z轴上。 1:刀具长度补偿轴,根据坐标平面选择模态G指令(G17/G18/G19,分别对应Z/Y/X轴)进行切换。 2:G43指令后的轴名即为刀具长度补偿轴
000013	G00插补使能	0	用于设定在G00指令下指定轴是否做插补运动,也就是说在G01指令下指定轴一样可做插补运动。 0:在G00指令下指定轴不做插补运动。 1:在G00指令下指定轴做插补运动
000014	执行G53指令后是否自动恢复刀具长度补偿	0	用于设定执行G53指令后是否自动恢复刀具长度补偿。 0:执行G53指令后不会自动恢复刀具长度补偿。 1:执行G53指令后自动恢复刀具长度补偿
000018	系统时间显示使能	1	用于设定数控系统人机界面是否显示当前系统时间。 0:不显示系统时间。 1:显示系统时间
000020	报警窗口自动显示使能	0	用于设定数控系统是否自动显示报警信息窗口。 0:不自动显示报警信息窗口。 1:当系统出现新的报警信息时,自动显示报警信息窗口
000022	图形自动擦除使能	1	用于设定数控系统图形轨迹界面是否自动擦除上一次程序运行轨迹。 0:图形轨迹不会被自动擦除。 1:程序开始运行时自动擦除上一次程序运行轨迹
000023	F进给速度显示方式	1	用于设置数控系统人机界面中F进给速度的显示方式。 0:显示实际进给速度。 1:显示指令进给速度

续表

参数号	参数名称	默认值	参数说明
000024	G代码行号显示方式	0	用于设置数控系统人机界面中G代码行号的显示方式。 0:不显示G代码行号。 1:仅在编辑界面显示G代码行号。 2:仅在程序运行界面显示G代码行号。 3:在编辑界面和程序运行界面都显示G代码行号
000025	尺寸公制/英制显示选择	1	0:数控系统人机界面按英制单位显示。 1:数控系统人机界面按公制单位显示
000026	位置值小数点后显示位数	4	用于设定数控系统人机界面中位置值(包括机床坐标、工件坐标、剩余进给量等)小数点后显示位数
000027	速度值小数点后显示位数	2	用于设定数控系统人机界面中所有速度(包括F进给速度等)值小数点后显示位数
000028	转速值小数点后显示位数	0	用于设定数控系统人机界面中所有转速(包括主轴S转速等)值小数点后显示位数
000032	界面刷新间隔时间(μs)	10000	用于设定数控系统人机界面刷新显示时间间隔
000033	有没有外接UPS	1	0:数控系统没有配置UPS。 1:数控系统已配置UPS
000034	重运行是否提示	1	0:重运行不提示。 1:重运行提示
000060	系统保存刀具数据的数目	100	用于设定刀具表中保存刀具数据(刀偏量、磨损量、半径、刀尖位置坐标、长度等)的刀具数目,该值要大于或等于各个通道内的刀具数目总和
000061	T指令刀偏刀补号位数	2	用于设定T指令中刀偏号和刀补号的有效位数
000065	车刀直径显示使能	1	用于设定刀具表中车刀的X轴方向坐标值显示。 0:半径显示。 1:直径显示
000069	进给保持后重新解释使能	0	用于设置进给保持后是否将进给保持行之前的G指令重新解释一遍。 0:进给保持后不重新解释进给保持行之前的G指令。 1:进给保持后重新解释进给保持行之前的G指令

续表

参数号	参数名称	默认值	参数说明
000070	执行 G28/G30 指令后是否自动恢复刀具长度补偿	0	刀具长度补偿在执行 G28/G30 指令后是否自动恢复。 0:不能自动恢复。 1:能自动恢复
000080	日志文件保存类型	2	0:当保存日志条目数大于日志保存限制数目时自动覆盖最早日志条目。 1:当保存日志天数大于日志保存限制天数时自动覆盖最早日志条目。 2:0、1 两种保存方式都有效。 3:关闭日志
000281	加工信息日志保存限制数目	20000	加工信息保存的限制数目,即最大保存数目。当日志文件保存类型为 0 或 2 时,若保存的日志条目数量大于该参数,则日志保存的总条数不变,旧的日志条目被自动覆盖
000282	文件修改记录日志保存限制数目	20000	文件修改记录日志保存的限制数目,即最大保存数目。当日志文件保存类型为 0 或 2 时,若保存的日志条目数量大于该参数,则日志保存的总条数不变,旧的日志条目被自动覆盖
000283	面板操作日志保存限制数目	20000	面板操作日志保存的限制数目,即最大保存数目。当日志文件保存类型为 0 或 2 时,若保存的日志条目数量大于该参数,则日志保存的总条数不变,旧的日志条目被自动覆盖
000284	自定义日志保存限制数目	20000	用户自定义日志保存的限制数目,即最大保存数目。当日志文件保存类型为 0 或 2 时,若保存的日志条目数量大于该参数,则日志保存的总条数不变,旧的日志条目被自动覆盖
000285	事件日志保存限制数目	20000	事件日志保存的限制数目,即最大保存数目。当日志文件保存类型为 0 或 2 时,若保存的日志条目数量大于该参数,则日志保存的总条数不变,旧的日志条目被自动覆盖
000291	加工信息日志保存限制天数	3	加工信息日志保存的限制天数,即最大保存天数。当日志文件保存类型为 1 或 2 时,若日志的保存天数大于该参数,则日志保存的总天数不变,较早日期的日志条目被自动覆盖

续表

参数号	参数名称	默认值	参数说明
000292	文件修改日志保存限制天数	3	文件修改日志保存的限制天数，即最大保存天数。当日志文件保存类型为1或2时，若日志的保存天数大于该参数，则日志保存的总天数不变，较早日期的日志条目被自动覆盖
000293	面板操作日志保存限制天数	3	面板操作日志保存的限制天数，即最大保存天数。当日志文件保存类型为1或2时，若日志的保存天数大于该参数，则日志保存的总天数不变，较早日期的日志条目被自动覆盖
000294	自定义日志保存限制天数	3	自定义日志保存的限制天数，即最大保存天数。当日志文件保存类型为1或2时，若日志的保存天数大于该参数，则日志保存的总天数不变，较早日期的日志条目被自动覆盖
000295	事件日志文件保存限制天数	3	事件日志保存的限制天数，即最大保存天数。当日志文件保存类型为1或2时，若日志的保存天数大于该参数，则日志保存的总天数不变，较早日期的日志条目被自动覆盖
000351	G代码编辑框架类型	0	用于开启/关闭全屏编辑模式。 0:全屏编辑模式。 1:非全屏编辑模式
000352	FTP共享模式	0	用于切换FTP工作模式。 0:普通模式。 1:开启适配CAXA连接的工作模式
000353	开启特性坐标系界面	0	用于开启/关闭特性坐标系功能。 0:关闭。 1:开启
000354	HMI类型	0	用于设置工件零点坐标的模式。 0:普通坐标模式。 1:精细坐标模式

表 A-2　HNC-8 系列数控系统机床用户参数

参数号	参数名称	默认值	参数说明
010000	通道最大数	1	设置系统允许开通的最大通道数
010001	通道 0 切削类型		用于指定各通道的类型。 0:铣床切削系统。 1:车床切削系统。 2:车铣复合系统
010002	通道 1 切削类型		
010003	通道 2 切削类型		
010009	通道 0 选择标志		一个工件装夹位置,可以有多个主轴及传动进给轴工作,即对应多个通道。该组参数属于置位有效参数,位 0～7 分别表示通道 0～7 的选择标志。在给工位配置通道时,需要将该工位通道选择标志的指定位设置为 1(换算成十进制数)
010010	通道 1 选择标志		
010011	通道 2 选择标志		
010017	通道 0 显示轴标志【1】		数控系统人机界面可以根据实际需求对每个通道中的轴进行有选择的显示。该组参数属于置位有效参数,通道显示轴标志【1】的位 0～31 对应表示轴 0～31 的选择标志。当系统最多支持 64 个轴时,扩展参数通道显示轴标志【2】的位 0～31对应表示轴 32～63 的选择标志。在给通道配置显示轴时,将该通道显示轴标志的指定位设置为 1(换算成十六进制数)
010019	通道 1 显示轴标志【1】		
010033	通道 0 负载电流显示轴定制		数控系统人机界面可以根据实际需要决定各通道中显示哪些轴的负载电流。用于设定各通道负载电流显示轴的轴号,各轴号用“.”分隔输入,用“,”分隔显示在该组参数中
010034	通道 1 负载电流显示轴定制		
010035	通道 2 负载电流显示轴定制		
010041	是否动态显示坐标轴	0	设定主轴在速度模式和位置模式下是否显示坐标位置。 0:不论主轴在位置模式下还是在速度模式下都显示此轴。 1:主轴在速度模式下不显示此轴,切换成位置模式后显示此轴
010042	刀具测量仪类型	0	0:接触式,有刀具长度测量功能,无半径测量功能。 1:非接触式,通常采用激光测量,既有刀具长度测量功能也有半径测量功能

续表

参数号	参数名称	默认值	参数说明
010044	半径补偿圆弧速度策略	0	用于调整刀补后的圆弧速度。 0:功能关闭。 1:半径补偿后速度=半径补偿后圆弧半径/半径补偿前圆弧半径×编程速度。 2:半径补偿后速度=sqrt(半径补偿后圆弧半径/半径补偿前圆弧半径)×编程速度。 11~19:半径补偿后速度=编程速度×(0.1~0.9)
010045	半径补偿减/加磨损	1	0:半径补偿量=半径-半径磨损量。 1:半径补偿量=半径+半径磨损量(与FANUC、三菱系统计算方式相同)
010046	半径补偿干涉控制	0	0:干涉报警。 1:自动修正干涉。 在防止半径补偿干涉时,可选择报警,停止运行,或自动进行干涉路径修正,具有干涉回避功能,可防止过切
010047	半径补偿干涉检查段数	2	设定半径补偿干涉检查的段数
010049	机床允许最大轴数		设定机床允许使用的最大逻辑轴数
010050	PMC轴及耦合从轴总数		表示用于辅助动作的PMC轴的轴数和耦合轴中的从轴总数之和
010083	钻攻固定循环类型	0	选择采用哪种数控系统的钻攻固定循环。 0:HNC-8系统。 1:新代系统(SYNTEC)。 2:三菱系统(MITSUBISHI)。 3:FANUC系统
010084	啄式攻丝/深孔攻丝*	0	0:啄式攻丝,其回退量由有参数的G74/G84指令(参数号010087)设定。 1:深孔攻丝,攻丝后每次回退到R参考平面。 该值只在G74/G84指令中有下刀量Q值时起效

续表

参数号	参数名称	默认值	参数说明
010110	机床保护区内部禁止掩码	0	针对机床上的重要部件如机床尾架、刀库等而设置的保护区域,以避免人为误操作造成机床损坏。机床保护区有内属性与外属性供用户选择。 该参数用于配置数控系统保护区的内属性,置位有效,按十进制值输入和显示。指定机床保护区是内部禁止保护区
010111	机床保护区外部禁止掩码	0	该参数用于配置数控系统保护区的外属性,置位有效,按十进制值输入和显示。指定机床保护区是外部禁止。如某机床需要配置 2 个机床保护区,其中 1 号和 2 号机床保护区为外部禁止保护区,则该参数设置为 6,同时需要注意 1 号和 2 号机床保护区内部禁止位置为 0
010112～010123	机床保护区轴边界		用于设定各有效机床保护区的轴边界值
010165	回参考点延时时间(ms)	2000	用于设定机床进给轴回参考点过程中找到 Z 脉冲到回零完成之间的延时时间
010166	准停检测最大时间(ms)	2000	用于设定快移定位(G00)到某点后检测坐标轴定位允差的最大时间。该参数仅在坐标轴参数“定位允差”不为 0 时生效
010169	G64 拐角准停校验检查使能	0	用于设置 G64 指令是否在拐角处准停校验。该参数为 1 时,数控系统在 G64 模态下将开启拐角准停校验检查功能
010299	G 代码文件密钥	123456	G 代码文件加密的密钥
010300	用户参数【0】或主轴修调 50%	50	从 010300(用户参数【0】)～010499(用户参数【199】)分别对应 PLC 程序中的 P0～P199,用于配置 PLC 中的 P 变量值。 在标准配置中 P0 对应主轴修调 50%
010301	用户参数【1】或主轴修调 60%	60	从 010300(用户参数【0】)～010499(用户参数【199】)分别对应 PLC 程序中的 P0～P199,用于配置 PLC 中的 P 变量值。 在标准配置中 P1 对应主轴修调 60%
010302	用户参数【2】或主轴修调 70%	70	从 010300(用户参数【0】)～010499(用户参数【199】)分别对应 PLC 程序中的 P0～P199,用于配置 PLC 中的 P 变量值。 在标准配置中 P2 对应主轴修调 70%

续表

参数号	参数名称	默认值	参数说明
010303	用户参数【3】或主轴修调80%	80	从010300(用户参数【0】)～010499(用户参数【199】)分别对应PLC程序中的P0～P199,用于配置PLC中的P变量值。 在标准配置中P3对应主轴修调80%
010304	用户参数【4】或主轴修调90%	90	从010300(用户参数【0】)～010499(用户参数【199】)分别对应PLC程序中的P0～P199,用于配置PLC中的P变量值。 在标准配置中P4对应主轴修调90%
010305	用户参数【5】或主轴修调100%	100	从010300(用户参数【0】)～010499(用户参数【199】)分别对应PLC程序中的P0～P199,用于配置PLC中的P变量值。 在标准配置中P5对应主轴修调100%
010306	用户参数【6】或主轴修调110%	110	从010300(用户参数【0】)～010499(用户参数【199】)分别对应PLC程序中的P0～P199,用于配置PLC中的P变量值。 在标准配置中P6对应主轴修调110%
010307	用户参数【7】或主轴修调120%	120	从010300(用户参数【0】)～010499(用户参数【199】)分别对应PLC程序中的P0～P199,用于配置PLC中的P变量值。 在标准配置中P7对应主轴修调120%
010308	用户参数【8】或进给修调0%	0	从010300(用户参数【0】)～010499(用户参数【199】)分别对应PLC程序中的P0～P199,用于配置PLC中的P变量值。 在标准配置中P8对应进给修调0%
010309	用户参数【9】或进给修调1%	1	从010300(用户参数【0】)～010499(用户参数【199】)分别对应PLC程序中的P0～P199,用于配置PLC中的P变量值。 在标准配置中P9对应进给修调1%
010310	用户参数【10】或进给修调2%	2	从010300(用户参数【0】)～010499(用户参数【199】)分别对应PLC程序中的P0～P199,用于配置PLC中的P变量值。 在标准配置中P10对应进给修调2%
010311	用户参数【11】或进给修调4%	4	从010300(用户参数【0】)～010499(用户参数【199】)分别对应PLC程序中的P0～P199,用于配置PLC中的P变量值。 在标准配置中P11对应进给修调4%

续表

参数号	参数名称	默认值	参数说明
010312	用户参数【12】或进给修调 6%	6	从 010300(用户参数【0】)～010499(用户参数【199】)分别对应 PLC 程序中的 P0～P199,用于配置 PLC 中的 P 变量值。 在标准配置中 P12 对应进给修调 6%
010313	用户参数【13】或进给修调 8%	8	从 010300(用户参数【0】)～010499(用户参数【199】)分别对应 PLC 程序中的 P0～P199,用于配置 PLC 中的 P 变量值。 在标准配置中 P13 对应进给修调 8%
010314	用户参数【14】或进给修调 10%	10	从 010300(用户参数【0】)～010499(用户参数【199】)分别对应 PLC 程序中的 P0～P199,用于配置 PLC 中的 P 变量值。 在标准配置中 P14 对应进给修调 10%
010315	用户参数【15】或进给修调 15%	15	从 010300(用户参数【0】)～010499(用户参数【199】)分别对应 PLC 程序中的 P0～P199,用于配置 PLC 中的 P 变量值。 在标准配置中 P15 对应进给修调 15%
010316	用户参数【16】或进给修调 20%	20	从 010300(用户参数【0】)～010499(用户参数【199】)分别对应 PLC 程序中的 P0～P199,用于配置 PLC 中的 P 变量值。 在标准配置中 P16 对应进给修调 20%
010317	用户参数【17】或进给修调 30%	30	从 010300(用户参数【0】)～010499(用户参数【199】)分别对应 PLC 程序中的 P0～P199,用于配置 PLC 中的 P 变量值。 在标准配置中 P17 对应进给修调 30%
010318	用户参数【18】或进给修调 40%	40	从 010300(用户参数【0】)～010499(用户参数【199】)分别对应 PLC 程序中的 P0～P199,用于配置 PLC 中的 P 变量值。 在标准配置中 P18 对应进给修调 40%
010319	用户参数【19】或进给修调 50%	50	从 010300(用户参数【0】)～010499(用户参数【199】)分别对应 PLC 程序中的 P0～P199,用于配置 PLC 中的 P 变量值。 在标准配置中 P19 对应进给修调 50%
010320	用户参数【20】或进给修调 60%	60	从 010300(用户参数【0】)～010499(用户参数【199】)分别对应 PLC 程序中的 P0～P199,用于配置 PLC 中的 P 变量值。 在标准配置中 P20 对应进给修调 60%

续表

参数号	参数名称	默认值	参数说明
010321	用户参数【21】或进给修调70%	70	从010300(用户参数【0】)～010499(用户参数【199】)分别对应PLC程序中的P0～P199,用于配置PLC中的P变量值。 在标准配置中P21对应进给修调70%
010322	用户参数【22】或进给修调80%	80	从010300(用户参数【0】)～010499(用户参数【199】)分别对应PLC程序中的P0～P199,用于配置PLC中的P变量值。 在标准配置中P22对应进给修调80%
010323	用户参数【23】或进给修调90%	90	从010300(用户参数【0】)～010499(用户参数【199】)分别对应PLC程序中的P0～P199,用于配置PLC中的P变量值。 在标准配置中P23对应进给修调90%
010324	用户参数【24】或进给修调95%	95	从010300(用户参数【0】)～010499(用户参数【199】)分别对应PLC程序中的P0～P199,用于配置PLC中的P变量值。 在标准配置中P24对应进给修调95%
010325	用户参数【25】或进给修调100%	100	从010300(用户参数【0】)～010499(用户参数【199】)分别对应PLC程序中的P0～P199,用于配置PLC中的P变量值。 在标准配置中P25对应进给修调100%
010326	用户参数【26】或进给修调105%	105	从010300(用户参数【0】)～010499(用户参数【199】)分别对应PLC程序中的P0～P199,用于配置PLC中的P变量值。 在标准配置中P26对应进给修调105%
010327	用户参数【27】或进给修调110%	110	从010300(用户参数【0】)～010499(用户参数【199】)分别对应PLC程序中的P0～P199,用于配置PLC中的P变量值。 在标准配置中P27对应进给修调110%
010328	用户参数【28】或进给修调120%	120	从010300(用户参数【0】)～010499(用户参数【199】)分别对应PLC程序中的P0～P199,用于配置PLC中的P变量值。 在标准配置中P28对应进给修调120%
010329	用户参数【29】或润滑时间	10	从010300(用户参数【0】)～010499(用户参数【199】)分别对应PLC程序中的P0～P199,用于配置PLC中的P变量值。 在标准配置中P29对应润滑时间10 min

续表

参数号	参 数 名 称	默认值	参 数 说 明
010330	用户参数【30】或停润滑时间	3600	从010300(用户参数【0】)～010499(用户参数【199】)分别对应PLC程序中的P0～P199,用于配置PLC中的P变量值。 在标准配置中P30对应停润滑时间3600 s
010331	用户参数【31】或手摇设置	0	从010300(用户参数【0】)～010499(用户参数【199】)分别对应PLC程序中的P0～P199,用于配置PLC中的P变量值。 在标准配置中P31对应手摇类型设置。 0:1003 1:1013 2:面板
010332	用户参数【32】或刀架选择/刀库选择		从010300(用户参数【0】)～010499(用户参数【199】)分别对应PLC程序中的P0～P199,用于配置PLC中的P变量值。 在标准配置中P32对应车床刀架类型选择或铣床(加工中心)刀库类型选择
010333	用户参数【33】或液压刀架最大工位数		从010300(用户参数【0】)～010499(用户参数【199】)分别对应PLC程序中的P0～P199,用于配置PLC中的P变量值。 在标准配置中P33对应车床液压刀架最大工位数设置
010334	用户参数【34】或内外卡盘		从010300(用户参数【0】)～010499(用户参数【199】)分别对应PLC程序中的P0～P199,用于配置PLC中的P变量值。 在标准配置中P34对应车床内外卡盘设置(0:内卡盘。1:外卡盘)
010336	用户参数【36】或有无内外卡盘到位信号		从010300(用户参数【0】)～010499(用户参数【199】)分别对应PLC程序中的P0～P199,用于配置PLC中的P变量值。 在标准配置中P36对应车床内外卡盘到位信号设置(0:有。1:无)
010337	用户参数【37】或是否为液压卡盘		从010300(用户参数【0】)～010499(用户参数【199】)分别对应PLC程序中的P0～P199,用于配置PLC中的P变量值。 在标准配置中P37对应车床是否采用液压卡盘(0:是。1:否)

续表

参数号	参数名称	默认值	参数说明
010339	用户参数【39】或主轴波动检测延时时间(ms)		从010300(用户参数【0】)～010499(用户参数【199】)分别对应PLC程序中的P0～P199,用于配置PLC中的P变量值。 在标准配置中P39对应主轴波动检测延时时间设置
010350	用户参数【50】或主轴最高转速		从010300(用户参数【0】)～010499(用户参数【199】)分别对应PLC程序中的P0～P199,用于配置PLC中的P变量值。 在标准配置中P50对应主轴最高转速设置
010351	用户参数【51】或主轴1挡最低转速		从010300(用户参数【0】)～010499(用户参数【199】)分别对应PLC程序中的P0～P199,用于配置PLC中的P变量值。 在标准配置中P51对应主轴1挡最低转速设置
010352	用户参数【52】或主轴1挡最高转速		从010300(用户参数【0】)～010499(用户参数【199】)分别对应PLC程序中的P0～P199,用于配置PLC中的P变量值。 在标准配置中P52对应主轴1挡最高转速设置
010353	用户参数【53】或主轴1挡齿轮比分子		从010300(用户参数【0】)～010499(用户参数【199】)分别对应PLC程序中的P0～P199,用于配置PLC中的P变量值。 在标准配置中P53对应主轴1挡齿轮比分子设置
010354	用户参数【54】或主轴1挡齿轮比分母		从010300(用户参数【0】)～010499(用户参数【199】)分别对应PLC程序中的P0～P199,用于配置PLC中的P变量值。 在标准配置中P54对应主轴1挡齿轮比分母设置
010355	用户参数【55】或主轴2挡最低转速		从010300(用户参数【0】)～010499(用户参数【199】)分别对应PLC程序中的P0～P199,用于配置PLC中的P变量值。 在标准配置中P55对应主轴2挡最低转速设置

续表

参数号	参数名称	默认值	参数说明
010356	用户参数【56】或主轴2挡最高转速		从010300(用户参数【0】)～010499(用户参数【199】)分别对应PLC程序中的P0～P199，用于配置PLC中的P变量值。 在标准配置中P56对应主轴2挡最高转速设置
010357	用户参数【57】或主轴2挡齿轮比分子		从010300(用户参数【0】)～010499(用户参数【199】)分别对应PLC程序中的P0～P199，用于配置PLC中的P变量值。 在标准配置中P57对应主轴2挡齿轮比分子设置
010358	用户参数【58】或主轴2挡齿轮比分母		从010300(用户参数【0】)～010499(用户参数【199】)分别对应PLC程序中的P0～P199，用于配置PLC中的P变量值。 在标准配置中P58对应主轴2挡齿轮比分母设置

* 注：即攻螺纹。

表A-3　HNC-8系列数控系统通道参数

参数号	参数名称	默认值	参数说明
04x000(x表示不同通道号，下同)	通道名	CHx(x表示通道号)	用于设定通道名，如将通道0的通道名设置为“CH0”，将通道1的通道名设置为“CH1”。数控系统人机界面状态栏能够显示当前工作通道的通道名，进行通道切换时，状态栏中显示的通道名也会随之改变
04x001～04x009	X坐标轴轴号～W坐标轴轴号		用于配置当前通道内各进给轴的轴号，即实现进给轴与逻辑轴之间的映射。 0～127：指定当前通道进给轴的轴号。 －1：当前通道进给轴没有映射逻辑轴，为无效轴。 －2：当前通道进给轴保留给C/S切换
04x010～04x013	主轴0轴号～主轴3轴号		配置当前通道内各主轴的轴号，即实现通道主轴与逻辑轴之间的映射。 0～127：指定当前通道主轴的轴号。 －1：当前通道主轴没有映射逻辑轴，为无效轴

续表

参数号	参 数 名 称	默认值	参 数 说 明
04x014 ～04x022	X坐标编程名～W坐标编程名	X、Y、Z、A、B、C、U、V、W	如果数控装置配置了多个通道，为了在编程时区分各自通道内的轴，系统支持自定义坐标轴编程名。该组参数用于设定当前通道内各进给轴的编程名，默认值为每个通道内9个基于机床直角坐标系的坐标轴名
04x023 ～04x026	主轴0编程名～主轴3编程名		HNC-8系列数控系统每个通道最多支持4个主轴，为了在编程时区分各主轴，系统允许自定义各通道主轴编程名
04x027	主轴转速显示方式		属于置位有效参数，用于设定通道内各主轴转速显示方式，位0～3分别对应主轴0～3转速显示方式。 1:显示指令转速。 0:显示实际转速。 该参数按十进制值输入和显示
04x028	主轴显示轴号		用于设置当前通道显示主轴的逻辑轴号，当前通道要显示多少个主轴则设置多少个主轴逻辑轴号。如不填写则主轴转速无法显示。输入多个主轴逻辑轴号时用“.”分隔
04x030	通道的缺省进给速度(mm/min)		当前通道内编制的加工程序没有给定进给速度时，数控装置将使用该参数指定的缺省进给速度值执行程序
04x031	空运行进给速度(mm/min)		数控装置切换到空运行模式时，机床将采用该参数设置的加工速度执行程序
04x032	直径编程使能		车床加工工件的径向尺寸，通常是以直径方式标注的，因此编制加工程序时，为简便起见，可以直接使用标注的直径方式编写加工程序。此时，直径上一个编程单位的变化，对应径向进给轴(一般是X轴)实际为半个单位的移动量。该参数用来选择当前通道的加工程序编程方式。 0:半径编程方式。 1:直径编程方式

续表

参数号	参数名称	默认值	参数说明
04x033	U、V、W 增量编程使能		编程时可以通过 U、V、W 指令实现增量编程，U、V、W 分别代表通道中 X、Y、Z 轴的增量进给值，该参数用于设置 U、V、W 增量编程是否有效。 0：U、V、W 增量编程禁止。 1：U、V、W 增量编程使能。 对车床一般设置为 1，对铣床则设置为 0
04x034	倒角使能		HNC-8 系列数控系统支持在直线与直线、直线与圆弧、圆弧与圆弧插补轨迹之间进行倒角或倒圆角编程，该参数用于开启或关闭倒角与倒圆角功能。 0：关闭倒角功能。 1：开启倒角功能
04x035	角度编程使能		为了编程方便，可直接使用加工图样上的直线角度进行编程。 0：角度编程禁止。 1：角度编程使能
04x105	螺纹起点允许偏差(度)		螺纹加工需以主轴编码器的零脉冲位置为基准确定起刀点位置，该参数用于设定螺纹起刀点位置相对主轴编码器零脉冲基准的有效偏差角度
04x107	系统上电时 G61/G64 模态设置		0：系统上电后默认 G61 准确停止方式。 1：系统上电后默认 G64 连续切削方式
04x110	G28 搜索 Z(零)脉冲使能		设置在 G28 指令下回参考点时是否搜索 Z(零)脉冲。 对于增量式编码器电动机，该参数的意义如下。 0：不搜索 Z 脉冲。 1：搜索 Z 脉冲。 对于绝对值式编码器电动机，该参数必须为 0
04x111	G28/G30 单位快移选择		0：以 G01 指令指定的速度回到机床零点。 1：以 G00 指令指定的速度回到机床零点
04x112	G28 中间点单次有效		设置多次有效时，在 G29 指令下快移多次返回 G28 指令设置的中间点。设置单次有效时只对 G28 指令后第一次出现的 G29 指令生效。 0：G28 中间点多次有效。 1：G28 中间点单次有效
04x113	任意行模式选择		0：目标行之前的指令将产生模态效果。 1：目标行之前的指令不会产生模态效果
04x127	起始刀具号		设置当前通道刀库在刀补表中的起始刀具号

表 A-4 HNC-8 系列数控系统坐标轴参数(非驱动器参数)

参数号	参数名称	默认值	参数说明
10x000(x 表示不同逻辑轴号,下同)	显示轴名		此参数配置指定轴的界面显示名称。对多通道,命名规则是一个字母加一个数字,如"x0""x1"
10x001	轴类型		0:未配置。 1:直线轴。 2:摆动轴,显示角度坐标值不受限制。 3:旋转轴,显示角度坐标值只能在指定范围内,实际坐标超出时将取模显示。 9:移动轴作主轴使用(此时驱动器为进给轴驱动器)。 10:主轴
10x004	电子齿轮比分子(位移,μm)		对于直线轴,为伺服电动机每旋转一周机床实际移动的距离。 对于旋转轴,为伺服电动机每旋转一周机床实际移动的角度
10x005	电子齿轮比分母(脉冲)		伺服电动机每旋转一周所需脉冲指令数
10x006	正软极限坐标(或称第一正软极限,mm)		机床回参考点后才有效。规定正方向极限软件保护位置,移动轴或旋转轴移动范围不能超过此极限值。根据机床有效行程适当设置。在PLC梯形图中,当G((80×逻辑轴号)+1)寄存器的第3位为1时,此参数无效,而第二正软极限生效
10x007	负软极限坐标(或称第一负软极限,mm)		机床回参考点后才有效。规定负方向极限软件保护位置,移动轴或旋转轴移动范围不能超过此极限值。根据机床有效行程适当设置。在PLC梯形图中,当G((80×逻辑轴号)+1)寄存器的第3位为1时,此参数无效,而第二负软极限生效

续表

参数号	参 数 名 称	默认值	参 数 说 明
10x008	第二正软极限坐标(mm)		机床回参考点后才有效。规定正方向极限软件保护位置，当第二正软极限使能打开时生效，移动轴或旋转轴移动范围不能超过此极限值。根据机床有效行程适当设置。在PLC梯形图中，当第二正软极限生效时，第一正软极限失效。通过G寄存器相应位的值判断是否有效
10x009	第二负软极限坐标(mm)		机床回参考点后才有效。规定负方向极限软件保护位置，当第二负软极限使能打开时生效，移动轴或旋转轴移动范围不能超过此极限值。根据机床有效行程适当设置。在PLC梯形图中，当第二负软极限生效时，第一负软极限失效。通过G寄存器相应位的值判断是否有效
10x010	回参考点模式		0:绝对式编码器方式。 2:＋－方式。 3:＋－＋方式。 4:距离码回零方式1。 5:距离码回零方式2
10x011	回参考点方向	1	1:正方向。 －1:负方向。 0:不指定方向(用于距离码回零)
10x012	编码器反馈偏置量(mm)		针对绝对式编码器电动机，由于绝对式编码器电动机第一次使用时会反馈一个随机位置值，因此在实际机床中机械零点不是机床坐标系零点，必须根据公式 编码器反馈偏置量＝(电动机位置/1000)×(电子齿轮比分子/电子齿轮比分母) 计算出偏置量，输入该参数，把实际机床机械零点设定成机床坐标系零点。(也可以在系统中使用“自动偏置”功能来自动设定此参数)
10x013	回参考点后的偏移量(mm)	0	针对增量式编码器电动机。回参考点时，系统检测到Z脉冲后，不将当前位置作为参考点，而是将继续走过偏移量后的位置作为参考点

续表

参数号	参数名称	默认值	参数说明
10x014	回参考点Z脉冲屏蔽角度		针对增量式编码器电动机。如果进给轴回零挡块与伺服电动机编码器Z脉冲位置过于接近，可能导致两次回参考点相差一个螺距。通过设置一个屏蔽角度，将参考点挡块信号附近的Z脉冲忽略掉，而去检测下一个Z脉冲，从而保证每次回参考点的位置一致
10x015	回参考点高速		针对增量式编码器电动机。回参考点时，在压下参考点开关前的快速移动速度。对于旋转轴，必须折算成线速度(mm/min)，折算公式为 轴线速度＝旋转轴回零转速×2×π×转动轴折算半径(即参数10x031)
10x016	回参考点低速		针对增量式编码器电动机。回参考点时，在压下参考点开关后，减小定位移动的速度。对于旋转轴，必须折算成线速度(mm/min)，折算公式为 轴线速度＝旋转轴回零转速×2×π×转动轴折算半径(即参数10x031)
10x017	参考点坐标值		改变机床坐标系零点的坐标位置值
10x018	距离码参考点间距		增量式光栅尺测量系统采用距离编码参考点时，用于设置相邻两个固定参考点的间隔距离
10x019	间距编码偏差		增量式光栅尺测量系统采用距离编码参考点时，用于设置浮动参考点相对于固定参考点的间距变化增量
10x020	搜索Z脉冲最大移动距离		搜索参考点Z脉冲允许的最大移动距离。通常设置为2.5倍的丝杠导程
10x021	第二参考点坐标值		HNC-8系列数控系统可以指定机床坐标系下5个参考点。本参数为第二参考点在机床坐标系中的坐标值。通过指令G30 P2可以返回该参考点。在PLC梯形图中，通过判断F(逻辑轴号×80)寄存器的第8位是否为1，确认机床实际位置是否在第二参考点

续表

参数号	参数名称	默认值	参数说明
10x022	第三参考点坐标值		本参数为第三参考点在机床坐标系中的坐标值。通过指令 G30 P3 可以返回该参考点。在 PLC 梯形图中,通过判断 F(逻辑轴号×80)寄存器的第 9 位是否为 1,确认机床实际位置是否在第三参考点
10x023	第四参考点坐标值		本参数为第四参考点在机床坐标系中的坐标值。通过指令 G30 P4 可以返回该参考点。在 PLC 梯形图中,通过判断 F(逻辑轴号×80)寄存器的第 10 位是否为 1,确认机床实际位置是否在第四参考点
10x024	第五参考点坐标值		本参数为第五参考点在机床坐标系中的坐标值。通过指令 G30 P5 可以返回该参考点。在 PLC 梯形图中,通过判断 F(逻辑轴号×80)寄存器的第 11 位是否为 1,确认机床实际位置是否在第五参考点
10x025	参考点范围偏差	0.01	用于判断轴当前是否在参考点上的误差范围。实际位置与参考点位置的偏差在此范围内,确认在参考点上,否则就不在参考点上
10x030	单向单位(G60)偏移值		在定位时消除丝杠螺母副方向间隙的影响
10x031	转动轴折算半径	57.3	设置旋转轴半径,用于将旋转轴速度由角速度转换成线速度
10x032	慢速点动速度		设定手动模式下轴的慢速点动速度。点动速度还受进给修调的影响。对于旋转轴,必须折算成线速度(mm/min),折算公式为 轴线速度=旋转轴回零转速×2×π×转动轴折算半径(即参数 10x031)
10x033	快速点动速度		设定手动模式下轴的快速点动速度。点动速度还受进给修调的影响。对于旋转轴,必须折算成线速度(mm/min),折算公式为 轴线速度=旋转轴回零转速×2×π×转动轴折算半径(即参数 10x031)

续表

参数号	参数名称	默认值	参数说明
10x034	最大快移速度		设定轴快移定位(G00)的速度上限。旋转轴最大快移速度＝旋转轴最高转速×2×π×转动轴折算半径。最大快移速度值必须是该轴所有速度设定参数里的最大值。最大快移速度需根据电子齿轮比和伺服电动机最高转速合理设置
10x035	最高加工速度		设定轴加工运动(G01,G02,…)时的上限。此参数根据加工要求、机械传动情况及负载情况合理设置
10x036	快移加减速时间常数		G00从零增大到1000 mm/min或从1000 mm/min减小到零的时间。根据电动机转动惯量、负载转动惯量、驱动器加速能力合理设定
10x037	快移加减速捷度时间常数		G00加速度从零增大到1 m/s^2 或从1 m/s^2 减小到零的时间。根据电动机转动惯量、负载转动惯量、驱动器加速能力合理设定
10x038	加工加减速时间常数		加工速度从零增大到1000 mm/min或从1000 mm/min减小到零的时间。根据电动机转动惯量、负载转动惯量、驱动器加速能力合理设定
10x039	加工加减速捷度时间常数		加工的加速度从零增大到1 m/s^2 或从1 m/s^2 减小到零的时间。根据电动机转动惯量、负载转动惯量、驱动器加速能力合理设定
10x042	手摇单位速度系数		用于设置手摇控制时手摇脉冲发生器每摇动一格轴运动的最高速度
10x043	手摇脉冲分辨率		手摇倍率为1时,手摇脉冲发生器每摇动一格,发出一个脉冲,轴所走的距离。车床中采用直径编程时,对于X轴此参数需设为0.5
10x044	手摇缓冲速率		在摇动手摇脉冲发生器时,由于在有效时间内轴不能移动到指定位置,所发出的未执行的脉冲使轴移动的速率
10x045	手摇缓冲周期数		当手摇脉冲发生器在手摇缓冲周期数以内摇动时机床以低速移动,超过手摇缓冲周期数时才加速

续表

参数号	参数名称	默认值	参数说明
10x046	手摇过冲系数	1.5	设置快速摇动手摇脉冲发生器并突然停止摇动时轴的过冲距离
10x047	手摇稳速调节系数		反映手摇脉冲发生器在摇动过程中速度不均匀的程度
10x050	缺省S转速值		加工程序中没有填写S值时，主轴以此值转动。如加工程序中出现过S值，而后面没填写S值时，系统以前面最近的S值运行
10x052	主轴转速允许波动率		机床主轴转动的允许波动范围＝±当前主轴指令转速×主轴转速允许波动率
10x055	进给主轴定向角度		设置进给轴切换成主轴，作为主轴使用时主轴定向的角度。只有当轴类型参数为9，进给轴切换成主轴，作为主轴使用时才有效
10x056	进给主轴零速允差		当进给轴切换成主轴，作为主轴使用时，用于判断此轴是否为零速的一个范围允差。只有当轴类型参数为9，进给轴切换成主轴，作为主轴使用时才有效
10x060	定位允差		G00所允许的准停误差。 0：当前轴无定位允差限制。 ＞0：当达到“准停检测最大时间”参数规定的时间，当前轴检测坐标仍然超出定位允差设定值时，数控系统将报警
10x061	最大跟踪误差		当坐标轴运行时，同一时刻指令值与实际值所允许的最大误差
10x062	柔性同步自动调整功能		0：关闭同步轴的自动调整功能。 1：打开同步轴的自动调整功能
10x067	轴每转脉冲数		控制轴旋转一周，数控装置所接收到的反馈脉冲数
10x073	旋转轴速度显示系数		设为1.0时，旋转轴速度F显示单位为“角度/分”；设为0.0028时，旋转轴速度F显示单位为“转/分”
10x077	分度/定位轴类型		1：G代码中指定机床目标位置必须是分度间距的整数倍，否则报警。 2：G代码中指定机床目标位置是任意的

续表

参数号	参 数 名 称	默认值	参 数 说 明
10x078	分度/定位轴起始值		分度开始的起始度数
10x079	分度/定位轴间距		工作台每转动一次的角度,必须为整数
10x082	旋转轴短路径选择使能		1:旋转轴移动(绝对指令方式)时,数控系统将沿选取到终点的最短距离的方向移动。此功能在轴类型为3,设备参数中“反馈位置循环使能”参数为1时才能使用。在增量指令方式下,旋转轴的移动方向与增量的符号一致,移动量就是指令值
10x087	轴过载判定阈值		0:无效。 其他:轴阈值百分比大于此值时,系统将轴寄存器置为过载状态
10x090	编码器工作模式		双字节第8位——进给轴跟踪误差监控方式,此位值的代表意义如下。 0:跟踪误差由伺服驱动器计算,数控系统直接从伺服驱动器获取跟踪误差。 1:跟踪误差由数控系统根据编码器反馈自行计算。 双字节第12位——是否开启绝对式编码器翻转计数,此位值的代表意义如下。 0:功能关闭,绝对式编码器脉冲计数仅在单个计数范围内有效。 1:功能开启,通过记录绝对式编码器翻转次数有效扩大编码器计数范围
10x094	编码器计数位数		依据绝对式旋转脉冲编码器的计数位数(单圈+多圈位数)设定。 对增量式旋转脉冲编码器和直线光栅尺等其他类型编码器,设为0。 仅对直线轴和摆动轴有效,旋转轴和主轴不需要设置
10x100	轴运动控制模式		PMC轴是不由加工程序指令控制的轴,PMC轴一般由PLC控制。本参数指定当前PMC轴及耦合轴类型。耦合轴是存在同步多耦合关系的轴。 -1:普通轴,即主轴、直线轴或旋转轴。 0:PMC轴。 1:同步轴

续表

参数号	参数名称	默认值	参数说明
10x106	同步位置误差补偿阀值		允许最大的同步位置误差补偿值
10x107	同步位置误差报警阀值		允许同步位置误差上限
10x108	同步速度误差报警阀值		允许同步速度误差上限
10x109	同步电流误差报警阀值		允许同步电流误差上限
10x130	最大误差补偿率		用于对当前轴综合误差补偿值进行平滑处理，以防止补偿值突变对机床造成冲击。如果相邻两周期的综合误差补偿值改变量大于此值，系统将发出提示信息“误差补偿速率到达上限”，此时程序仍会继续运行，综合误差补偿值将被限制为最大值
10x131	最大误差补偿值		当前轴所允许的最大误差补偿值
10x132	进给轴反馈偏差		用于解决绝对式编码器电动机上电时的位置突跳问题。此参数为0时，上电时不监测电动机位置突跳。当轴的位置偏差超过此参数值时，会将PLC梯形图中F[逻辑轴号×80+68]设置为1。可根据此寄存器的状态确定机床是报警还是急停
10x197	断电位置允差	16384	0:默认此功能不开启。 大于0的值(脉冲个数):此功能生效。 应用于绝对值编码器多圈位置由电池供电记忆的情况(如多摩川绝对编码器)下，电池电量用尽，多圈位置丢失后系统报警提示。 该值为编码器一圈的反馈脉冲数
10x198	实际速度超速响应周期	3	设置超速响应报警周期数
10x199	显示速度积分周期数	50	对进给实际速度显示进行平滑处理。如为0，则对应进给轴移动时将无实际速度显示

表 A-5 HNC-8 系列数控系统误差补偿参数

参数号	参数名称	默认值	参数说明
30x000(x表示不同逻辑轴号，下同)	反向间隙补偿类型		0:反向间隙补偿功能禁止。 1:常规反向间隙补偿。 2:当前轴快速移动时采用与切削进给时不同的反向间隙补偿值
30x001	反向间隙补偿值		实测反向间隙补偿值。如采用双向螺距误差补偿，则此参数设置为0
30x002	反向间隙补偿率		当反向间隙较大时，通过设置该参数可将反向间隙的补偿分散到多个插补周期内进行，以防止反向时由于补偿造成的冲击。如果该参数设定值大于0，则反向间隙补偿将在 N 个插补周期内完成，N=反向间隙补偿值/反向间隙补偿率。如果反向间隙补偿率大于反向间隙补偿值或设置为0，补偿将在1个周期内完成
30x003	快移反向间隙补偿值		G00指令下的反向间隙补偿值(轴点动时视为切削进给)
30x020	螺距误差补偿类型		0:螺距误差补偿功能关闭。 1:单向螺距误差补偿功能。 2:双向螺距误差补偿功能
30x021	螺距误差补偿起点坐标		机床坐标系下的坐标值
30x022	螺距误差补偿点数		该参数为螺距误差补偿行程范围内的采样补偿点数。 该参数决定了螺距误差补偿表的长度
30x023	螺距误差补偿点间距		该参数为螺距误差补偿范围内两相邻采样补偿点间的距离。补偿点终点坐标计算公式=补偿起点坐标+(补偿点数-1)×补偿点间距
30x024	螺距误差取模补偿使能		0:螺距误差取模补偿关闭。 1:螺距误差取模补偿开启。 仅在轴类型为3时开启螺距误差取模补偿

续表

参数号	参数名称	默认值	参数说明
30x025	螺距误差补偿倍率		实际输出螺距误差补偿值＝螺距误差补偿表的补偿值×螺距误差补偿倍率
30x026	螺距误差补偿表起始参数号		该参数为螺距误差补偿表在数据表参数中的起始参数号
30x125	过象限突跳补偿类型		0:禁止过象限突跳补偿。 1:位置环过象限突跳补偿。 2:电流环过象限突跳补偿
30x126	过象限突跳补偿值		进给轴过象限时反向的最大突跳值
30x127	过象限突跳补偿延时时间		用于设置过象限突跳补偿延时时间
30x130	过象限突跳补偿加速时间		用于设置过象限突跳补偿加速时间
30x131	过象限突跳补偿减速时间		用于设置过象限突跳补偿减速时间
30x132	过象限突跳补偿力矩值		用于设置过象限突跳补偿力矩值

HNC-8 系列数控系统中总线上的所有物理部件，总称为设备，包括工程操作面板、总线式驱动器、PLC 输入/输出接口等。所有设备在系统上电时自动识别，并在设备接口参数的对应设备号中自动填入相应的“设备名称”“设备类型”“同组设备序号”的参数值，这三个参数不能人工修改。HNC-8 系列数控系统支持的设备名称如表 A-6 所示。

表 A-6　HNC-8 系列数控系统支持的设备名称

设备名称	设备类型	设备名称	设备类型	设备名称	设备类型
RESREVE	1000	MCP_LOC	1008	AX	2002
SP	1001	MPG	1009	IO_NET	2007
IO_LOC	1007	NCKB	1010	MCP_NET	2008

HNC-8 系列数控系统设备接口参数如表 A-7 所示。

表 A-7 HNC-8 系列数控系统设备接口参数

参数号	参数名称	默认值	参数说明
504010	工作模式		0:无控制指令输出。 3:速度模式
504011	逻辑轴号		建立模拟量主轴设备与逻辑轴之间的映射关系。 −1:设备与逻辑轴之间无映射。 0～127:映射逻辑轴号
504012	编码器反馈取反标志		0:模拟量主轴的编码器反馈直接输入数控系统。 1:模拟量主轴的编码器反馈取反输入数控系统
504013	主轴 DA 输出类型		0:不区分主轴正反转,输出 0～10 V 电压值。 1:区分主轴正反转,输出−10～ +10 V 电压值
504014	主轴 DA 输出零漂调整量		当主轴 D/A 输出电压存在零漂时,调整该参数能够校准输出电压。实际输出电压值将在指定输出电压的基础上减去该参数设定值
504015	反馈位置循环脉冲数		主轴旋转一周时编码器实际反馈脉冲数(增量式编码器＝编码器线数×4)
504016	主轴编码器反馈设备号		用于设定主轴编码器反馈设备号
504017	主轴 DA 输出设备号		用于设定主轴 D/A 输出设备号
504018	主轴编码器反馈接口号		用于设定主轴编码器反馈接口号
504019	主轴 DA 输出端口号		用于设定主轴 D/A 输出端口号
505010	MCP 类型		总线控制工程面板类型。 0:无效 MCP 类型。 1:HNC-8A 型数控系统控制面板。 2:HNC-8B 或 808 型或 HNC-808E 型数控系统控制面板。 3:HNC-8C 型数控系统控制面板

续表

参数号	参数名称	默认值	参数说明
505012	输入点起始组号	400	总线控制面板输入信号在X寄存器的起始组位置
505013	输入点组数	30	总线控制面板输入信号的组数
505014	输出点起始组号	400	总线控制面板输出信号在Y寄存器的起始组位置
505015	输出点组数	30	总线控制面板输出信号的组数
505016	手摇方向取反标志		用于设定手摇方向
505017	手摇倍率放大系数	1	用于设定手摇倍率的放大系数
505018	拨段开关编码类型	1	0:8421(BCD)码。 1:格雷码
505019	追加模拟量主轴数		
50x012(x为总线I/O模块对应的设备号,下同)	输入点起始组号	0	总线I/O模块输入信号在X寄存器的起始组位置
50x013	输入点组数	10	总线I/O模块输入信号的组数
50x014	输出点起始组号	0	总线I/O模块输出信号在Y寄存器的起始组位置
50x015	输出点组数	10	总线I/O模块输出信号的组数
50x016	编码器A类型		用于设定A端口编码器类型
50x017	编码器A每转脉冲数		用于设定A端口编码器每转脉冲数
50x018	编码器B类型		用于设定B端口编码器类型

续表

参数号	参数名称	默认值	参数说明
50x019	编码器B每转脉冲数		用于设定B端口编码器每转脉冲数
50z010 （z为驱动器对应的设备号，下同）	工作模式		0:无位置指令输出。 1:位置指令模式。 2:位置绝对模式。 3:速度模式。 4:电流模式。 进给轴工作模式一般设为1或2，主轴工作模式一般设为3
50z011	逻辑轴号		建立各轴设备与逻辑轴之间的映射关系。 0:设备与逻辑轴之间无映射。 0～127:映射逻辑轴号
50z012	编码器反馈取反标志		0:编码器反馈直接输入数控系统。 1:编码器反馈取反输入数控系统
50z014	反馈位置循环方式		0:反馈位置不采用循环计数方式。 1:反馈位置采用循环计数方式。 2:进给轴伺服切换主轴时，对于直线进给轴或摆动轴设为0，对于旋转轴或主轴设为1
50z015	反馈位置循环脉冲数		实际轴旋转一周反馈的脉冲数（对增量式编码器还要乘以4）
50z016	编码器类型		0或1:增量式编码器，有Z脉冲信号反馈。 2:增量式直线光栅尺，带距离编码Z脉冲信号反馈。 3:绝对式编码器，无Z脉冲信号反馈
10x200～10x299	驱动器参数		每个坐标轴中从参数号10x200开始到10x299号参数都是相应逻辑轴号的驱动器内部参数，其参数作用与含义参见相应驱动器参数说明。因此，HNC-8系列数控系统可以方便地从操作面板上对与逻辑轴对应的总线式驱动器参数进行修改和维护
700000（开始）	数据表参数		根据逻辑轴号中的定义填写各种补偿值

附录B　HNC-8系列数控系统F/G寄存器

HNC-8系列数控系统的F/G寄存器见表B-1至表B-3。

表B-1　HNC-8系列数控系统中轴的F/G寄存器

F寄存器	F寄存器含义	G寄存器	G寄存器含义
F0.0,F80.0,…	判断轴是否在移动中(1为移动中)	G0.0,G80.0,…	正限位开关
F0.1,F80.1,…	回零第一步(碰挡位开关)	G0.1,G80.1,…	负限位开关
F0.2,F80.2,…	回零第二步(找Z脉冲)	G0.2,G80.2,…	正向禁止
F0.3,F80.3,…	回零不成功	G0.3,G80.3,…	负向禁止
F0.4,F80.4,…	回零完成	G0.4,G80.4,…	回零指令
F0.5,F80.5,…	从轴回零中	G0.5,G80.5,…	回零挡块
F0.6,F80.6,…	从轴零点检查完成	G0.6,G80.6,…	机床轴锁住
F0.7,F80.7,…	从轴的跟随状态已经解除	G0.7,G80.7,…	轴控制使能开关
F0.8,F80.8,…	轴已经在第一参考点上	G0.8,G80.8,…	从轴零点检查使能，由PLC控制
F0.9,F80.9,…	轴已经在第二参考点上	G0.9,G80.9,…	从轴来的零点检查请求，跟随轴置位，作用到引导轴
F0.10,F80.10,…	轴已经在第三参考点上	G0.10,G80.10,…	从轴零点偏差重置
F0.11,F80.11,…	轴已经在第四参考点上	G0.11,G80.11,…	从轴耦合解除，PLC或系统置位，作用到跟随轴

续表

F寄存器	F寄存器含义	G寄存器	G寄存器含义
F0.12,F80.12,…	系统使轴脱开,PLC接收到此信号后清除轴的使能	G0.12,G80.12,…	脱机指令
F0.14,F80.14,…	轴已经锁住	G0.13,G80.13,…	采样信号
F1.0,F81.0,…	PLC移动控制使能	G0.14,G80.14,…	补偿扩展
F2.0,F82.0,…	指示捕获到一次Z脉冲	G0.15,G80.15,…	单轴复位
F2.1,F82.1,…	伺服驱动器接收到一个增量数据,当该增量数据为0时可继续传送	G1.0,G81.0,…	PMC绝对运动控制
F2.2,F82.2,…	在缓冲区中没有数据	G1.1,G81.1,…	PMC增量运动控制
F2.3,F82.3,…	第二编码器零点标志	G1.2,G81.2,…	第二软限位使能
F2.4,F82.4,…	伺服反馈回零标志	G1.3,G81.3,…	扩展软限位使能
F2.7,F82.7,…	编码器没有反馈标志	G2.0,G82.0,…	捕获零脉冲
F2.8,F82.8,…	总线伺服驱动器准备好	G2.1,G82.1,…	等待零脉冲
F2.9,F82.9,…	伺服驱动器处于位置工作模式	G2.2,G82.2,…	关闭找零脉冲功能
F2.10,F82.10,…	伺服驱动器处于速度工作模式	G2.3,G82.3,…	捕获第二编码器零脉冲
F2.11,F82.11,…	伺服驱动器处于力矩工作模式	G2.9,G82.9,…	切换到位置控制模式
F2.14,F82.14,…	主轴速度到达	G2.10,G82.10,…	切换到速度控制模式
F2.15,F82.15,…	主轴零速(0表示零速,1表示还有速度)	G2.11,G82.11,…	切换到力矩控制模式
F3.8,F83.8,…	主轴定向完成	G2.12,G82.12,…	主轴定向

续表

F寄存器	F寄存器含义	G寄存器	G寄存器含义
F4,F84,…	轴所属的通道号(此值以十进制格式存储)	G3.0,G83.0,…	伺服强电开关
F5,F85,…	引导的从轴个数(此值以十进制格式存储)	G4,G84,…	轴的点动按键开关
F6,F7(32位)	实时输出指令增量	G5,G85,…	轴的步进按键开关
F8~F11(64位)	实时输出指令位置	G6,G7(32位)	点动速度值。 0:停止。 1:参数中的手动速度。 2:参数中的快移速度。 >2:自定义的速度单位脉冲/周期
F12~F15(64位)	输出指令位置(单位为脉冲数)	G8	步进倍率
F16~F17(32位)	每个指令周期内输出的增量值,脉冲单位	G9	手摇倍率
F18~F19(32位)	实时的输出指令力矩	G10,G11	手摇脉冲数
F20~F23(64位)	1号编码器反馈实际位置(单位为米或度)	G12~G15(64位)	实时的轴反馈位置,脉冲单位,占用连续40个字节
F24~F27(64位)	2号编码器反馈实际位置(单位为米或度)	G16~G19(64位)	实时的轴反馈位置2
F28~F31(64位)	机床指令位置(单位为米或度)	G20~G21(32位)	轴的实际速度,脉冲单位
F32~F35(64位)	机床实际位置(单位为米或度)	G22~G23(32位)	轴的实际速度2
F36~F37(32位)	轴报警	G24~G25(32位)	轴的实际力矩

续表

F 寄存器	F 寄存器含义	G 寄存器	G 寄存器含义
F38～F39（32 位）	轴提示信息标志	G26～G27(32 位)	跟踪误差
F40～F41	轴最大速度	G28～G31(64 位)	编码器 1 的计数器值
F42～F43	回零开关至 Z 脉冲的距离	G32～G35(64 位)	编码器 2 的计数器值
F44	最大加速度	G36～G37(32 位)	实时补偿值
F45	波形指令周期	G38～G39(32 位)	采样时间
F46～F49	总补偿值,包括静态补偿和动态补偿	G40～G43(64 位)	锁存位置 1 用于 G31 指令或距离码回零
F50～F53	同步位置偏差	G44～G47(64 位)	锁存位置 2
F54～F55	同步速度偏差	G48～G51(64 位)	PMC 轴的目的位置
F56～F57	同步电流偏差	G52～G55(64 位)	PMC 轴的增量位移
F58～F59	跟随误差动态补偿值		

表 B-2　HNC-8 系列数控系统中通道的 F/G 寄存器

<table>
<tr><th>F 寄存器</th><th>F 寄存器含义</th><th>G 寄存器</th><th>G 寄存器含义</th></tr>
<tr><td>F2560.0</td><td rowspan="4">当前工作模式。
0:复位模式。
1:自动模式。
2:手动模式。
3:增量模式。
4:手摇模式。
5:回零模式。
6:PMC 模式。
7:单段模式。
8:MDI 模式</td><td>G2560.0</td><td rowspan="4">当前工作模式。
0:复位模式。
1:自动模式。
2:手动模式。
3:增量模式。
4:手摇模式。
5:回零模式。
6:PMC 模式。
7:单段模式。
8:MDI 模式</td></tr>
<tr><td>F2560.1</td><td>G2560.1</td></tr>
<tr><td>F2560.2</td><td>G2560.2</td></tr>
<tr><td>F2560.3</td><td>G2560.3</td></tr>
<tr><td>F2560.4</td><td>进给保持</td><td>G2560.4</td><td>进给保持</td></tr>
</table>

续表

F 寄存器	F 寄存器含义	G 寄存器	G 寄存器含义
F2560.5	循环启动	G2560.5	循环启动
F2560.6	空运行	G2560.6	空运行
F2560.7	有运动的用户干预中	G2560.7	测量中断
F2560.8	正在切削	G2560.9	PLC 对 NC 复位的应答
F2560.9	车螺纹标志	G2560.10	内部复位(操作面板复位)
F2560.10	CH_STATE_PARKING	G2560.11	ESTOP(急停)
F2560.11	校验标志	G2560.12	清通道缓冲
F2560.12	上层复位	G2560.13	复位通道(外部复位)
F2560.14	复位中	G2560.14	通道数据恢复
F2560.15	当前通道内有轴回零找Z脉冲,禁止切换模式	G2560.15	通道数据保存
F2561.0	程序选中:译码器置位	G2561.0	解释器启动
F2561.1	程序启动:通道控制置位	G2561.1	程序重新运行第2步
F2561.2	程序完成:通道控制置位	G2561.2	跳段
F2561.3	G28/G31 等中断指令完成	G2561.3	选择停
F2561.4	中断指令跳过	G2561.4	解释器复位
F2561.5	等待指令完成	G2561.5	程序重新运行

续表

F 寄存器	F 寄存器含义	G 寄存器	G 寄存器含义
F2561.6	程序重运行复位	G2561.6	MDI 复位到程序头
F2561.7	任意行请求标志	G2561.7	解释器数据恢复
F2561.8	通道加载断点	G2561.8	解释器数据保存
F2562.8	选刀标记	G2561.10	用户运动控制
F2562.9	刀偏标记(T 指令中含刀偏号)	G2561.11	外部中断
F2562.10	PLC 分度指令标记	G2561.14	主轴外部修调使能
F2562.11	主轴恒线速	G2561.15	进给外部修调使能
F2562.12	第 1 个 S 指令	G2562.0	通道 M 指令应答字
F2562.13	第 2 个 S 指令	G2562.8	通道 T 指令应答字
F2562.14	第 3 个 S 指令	G2562.9	通道 B 指令应答字
F2562.15	第 4 个 S 指令	G2562.10	通道 MST 忙
F2569 (16 位)	T 刀偏号	G2562.11	通道 MST 锁
F2570～2577 (8×16 位)	通道主轴 S 指令(单位 r/min),每个通道有 4 个主轴	G2562.12	1 号主轴 S 指令应答字
F2578～2579 (32 位)	发生测量中断的 G31 指令行	G2562.13	2 号主轴 S 指令应答字
F2580 (16 位)	当前运行的坐标系	G2562.14	3 号主轴 S 指令应答字
F2581～F2589 (9×16 位)	通道轴号	G2562.15	4 号主轴 S 指令应答字
F2590～F2593 (4×16 位)	通道主轴号	G2563	T 指令

续表

F 寄存器	F 寄存器含义	G 寄存器	G 寄存器含义
F2594～F2595（32 位）	语法错报警号	G2564	进给修调
F2596～F2599（64 位）	通道报警字 64 个通道报警	G2565	快移修调
F2600～F2603（64 位）	通道提示信息标志	G2566～G2569	对应主轴 1、2、3、4 修调
F2604～F2607（64 位）	用户输出	G2579	加工计件
F2570～F2577	主轴输出指令（PLC 根据 F 寄存器中的 S 做换挡处理后给 G 寄存器）	G2580～G2581	禁区取消（位有效）
F2608～F2615（8×16 位）	通道 M 指令，可同时执行 8 个 M 指令	G2582	G31 的编号
F2616（16 位）	T 刀具号	G2584～G2587(64 位)	用户位输入
F2617（16 位）	镗床 B 轴由 PLC 控制，分度用插补 G 代码	G2588～G2607	用户数值(AD)输入
		G2608～G2615	REG_CH_MCODE_ACK
		G2616	REG_CH_TCODE_ACK
		G2617	REG_CH_BCODE_ACK

表 B-3 HNC-8 系列数控系统中系统所用的 F/G 寄存器

F 寄存器	F 寄存器含义	G 寄存器	G 寄存器含义
F2960.0	SYS_STATUS_ON	G2960.0	系统初始化 SYS_CTRL_INIT
F2960.1	SYS_PLC_ONOFF	G2960.1	系统退出 SYS_CTRL_EXIT
F2960.3	系统复位标志字	G2960.2	外部急停
F2960.4	断电中	G2960.3	外部复位
F2960.5	保存数据中	G2960.4	停电通知
F2960.6	扫描模式的同步状态	G2960.5	数据保存通知
F2960.7	挂起	G2960.6	钥匙锁
F2960.8	采样状态标记	G2960.7	挂起
F2960.9	采样结束标志	G2960.12	采样使能标记
F2960.10	8 个通道的活动标志	G2960.13	采样关闭标记
F2962.0	0:主站空闲中。 1:主站复位中	G2962.0	初始化
F2962.1	主站侦测中	G2962.1	复位
F2962.2	主站编址中	G2962.2	侦测
F2962.3	主站读控制对象数据中	G2962.3	编址
F2962.4	主站控制网络 OK	G2962.4	读控制对象数据
F2962.5	主站控制建立映射中	G2962.5	BUS-NC 数据地址映射

续表

F寄存器	F寄存器含义	G寄存器	G寄存器含义
F2962.6	主站控制总线准备好	G2962.6	断开连接
F2962.7	主站控制通信运行	G2962.7	运行
F2970～F2977	预留8个控制主站的报警字	G2970	系统活动通道标志(位表示)
F2970.0	总线连接不正常	G2978.0	当前工作模式。 0:复位模式。 1:自动模式。 2:手动模式。 3:增量模式。 4:手摇模式。 5:回零模式。 6:PMC模式。 7:单段模式。 8:MDI模式
F2970.1	总线拓扑改变	G2978.1	
F2970.2	总线数据帧校验错误	G2978.2	
F2970.3	总线未知错误	G2978.3	
F2970.4	总线主站控制周期不一致	G2980～G2989	手摇脉冲发生器的控制字(上一个轴选)
F2970.5	总线从站设备无法识别	G2990～G3009	手摇脉冲发生器的显示输出
F2970.6	总线从站数目不一致	G3010～G3025	PLC外部报警，同时可有8×32=256种PLC外部报警
F2970.7	总线从站工作模式配置出错	G3040～G3055	PLC外部事件，同时可有8×32=256种PLC外部事件
F2970.8	总线参数校验出错	G3056～G3079	PLC外部提示信息标志，同时可有12×32=384种PLC提示信息(PMC通道占用情况)

续表

F 寄存器	F 寄存器含义	G 寄存器	G 寄存器含义
F2970.9	总线参数读写超时	G3080～G3099	温度传感器值
F2970.10	总线参数不存在		
F2970.11	总线参数读写权限不够		
F2970.12	总线参数类型错误		
F2978.0	当前工作模式。 0:复位模式。 1:自动模式。 2:手动模式。 3:增量模式。 4:手摇模式。 5:回零模式。 6:PMC 模式。 7:单段模式。 8:MDI 模式		
F2978.1			
F2978.2			
F2978.3			
F2980～F2999	手摇脉冲发生器周期计数增量(每个 F 寄存器对应一个手摇增量)		
F3000～F3009	手摇脉冲发生器的标志(输入)		
F3000.0	最低 4 位手摇倍率(对特定总线手摇脉冲发生器生效)		
F3000.4	手摇轴选掩码(对特定总线手摇脉冲发生器生效)		
F3000.8	手摇脉冲发生器准备好标志(手摇与步进共用模式下选择开关时有效)		
F3000.9	手摇脉冲发生器有效		

参考文献

[1] 陈吉红，杨克冲. 数控机床实验指南[M]. 武汉：华中科技大学出版社，2003.

[2] 陈吉红. 数控机床现代加工工艺[M]. 武汉：华中科技大学出版社，2009.

[3] 杨克冲，陈吉红，郑小年. 数控机床电气控制[M]. 2版. 武汉：华中科技大学出版社，2013.

[4] 郑小年，杨克冲. 数控机床故障诊断与维修[M]. 武汉：华中科技大学出版社，2013.

[5] 叶伯生，戴永清. 数控加工编程与操作[M]. 武汉：华中科技大学出版社，2014.

[6] 李斌，李曦. 数控技术[M]. 武汉：华中科技大学出版社，2010.

[7] 彭芳瑜. 数控加工工艺与编程[M]. 武汉：华中科技大学出版社，2013.

[8] 叶伯生，周向东，朱国文，等. 华中数控系统编程与操作手册[M]. 北京：机械工业出版社，2012.

[9] 郑小年，金健，周向东，等. 华中数控系统故障诊断与维修手册[M]. 北京：机械工业出版社，2012.

[10] 唐小琦，徐建春. 华中数控系统电气连接与控制手册[M]. 北京：机械工业出版社，2012.

[11] 张伟民. 数控机床原理及应用[M]. 武汉：华中科技大学出版社，2015.

[12] 戴永清. 零件数控铣床加工[M]. 武汉：华中科技大学出版社，2014.